U0193109

中国航天技术进展丛书

吴燕生　总主编

载人航天运载火箭软件研制实践

王晓玲　宋征宇　安占新　等　著

中国宇航出版社

·北京·

版权所有　侵权必究

图书在版编目（CIP）数据

载人航天运载火箭软件研制实践 / 王晓玲等著 . --
北京：中国宇航出版社，2020.11
　　ISBN 978 - 7 - 5159 - 1872 - 3

　　Ⅰ. ①载… Ⅱ. ①王… Ⅲ. ①载人航天飞行－运载火
箭－软件－研究 Ⅳ. ①V475.1

　　中国版本图书馆 CIP 数据核字（2020）第 240957 号

责任编辑　李　欣　　　封面设计　宇星文化

出　版
发　行　**中国宇航出版社**

社　址　北京市阜成路 8 号　邮　编　100830
　　　　（010）60286808　　（010）68768548
网　址　www.caphbook.com
经　销　新华书店
发行部　（010）60286888　　（010）68371900
　　　　（010）60286887　　（010）60286804（传真）
零售店　读者服务部　　　　（010）68371105
承　印　天津画中画印刷有限公司

版　次　2020 年 11 月第 1 版
　　　　2020 年 11 月第 1 次印刷
规　格　787×1092
开　本　1/16
印　张　9.75　　**彩　插**　3 面
字　数　237 千字
书　号　ISBN 978 - 7 - 5159 - 1872 - 3
定　价　90.00 元

本书如有印装质量问题，可与发行部联系调换

《中国航天技术进展丛书》
编委会

总 主 编 吴燕生

副总主编 包为民

委 员 （按姓氏音序排列）

邓宁丰　侯　晓　姜　杰　李得天　李　锋

李　明　李艳华　李仲平　刘竹生　鲁　宇

沈　清　谭永华　王　巍　王晓军　谢天怀

徐洪青　叶培建　于登云　张柏楠　张卫东

总　序

　　中国航天事业创建 60 年来，走出了一条具有中国特色的发展之路，实现了空间技术、空间应用和空间科学三大领域的快速发展，取得了"两弹一星"、载人航天、月球探测、北斗导航、高分辨率对地观测等辉煌成就。航天科技工业作为我国科技创新的代表，是我国综合实力特别是高科技发展实力的集中体现，在我国经济建设和社会发展中发挥着重要作用。

　　作为我国航天科技工业发展的主导力量，中国航天科技集团公司不仅在航天工程研制方面取得了辉煌成就，也在航天技术研究方面取得了巨大进展，对推进我国由航天大国向航天强国迈进起到了积极作用。在中国航天事业创建 60 周年之际，为了全面展示航天技术研究成果，系统梳理航天技术发展脉络，迎接新形势下在理论、技术和工程方面的严峻挑战，中国航天科技集团公司组织技术专家，编写了《中国航天技术进展丛书》。

　　这套丛书是完整概括中国航天技术进展、具有自主知识产权的精品书系，全面覆盖中国航天科技工业体系所涉及的主体专业，包括总体技术、推进技术、导航制导与控制技术、计算机技术、电子与通信技术、遥感技术、材料与制造技术、环境工程、测试技术、空气动力学、航天医学以及其他航天技术。丛书具有以下作用：总结航天技术成果，形成具有系统性、创新性、前瞻性的航天技术文献体系；优化航天技术架构，强化航天学科融合，促进航天学术交流；引领航天技术发展，为航天型号工程提供技术支撑。

　　雄关漫道真如铁，而今迈步从头越。"十三五"期间，中国航天事业迎来了更多的发展机遇。这套切合航天工程需求、覆盖关键技术领域的丛书，是中国航天人对航天技术发展脉络的总结提炼，对学科前沿发展趋势的探索思考，体现了中国航天人不忘初心、不断前行的执着追求。期望广大航天科技人员积极参与丛书编写、切实推进丛书应用，使之在中国航天事业发展中发挥应有的作用。

雷凡培

2016 年 12 月

序

随着以信息化为核心的新技术革命不断发展，当今世界技术创新的步伐不断加快。航天型号一直处于新技术发展的前沿，载人航天运载火箭系统也进行了多种新技术的应用，这些应用带来了更加复杂的任务场景、软件架构和研发模式。越来越多的计算资源由软件整合，越来越多的功能由软件实现，越来越多的系统通过软件来集成，软件已经从硬件的附属，发展成为复杂的软件系统。软件系统化必然会导致软件复杂度的不断攀升，这就给传统的软件研制和管理提出了新的挑战。

如何在继承以往软件研制经验的基础上，针对新一代载人航天运载火箭的特点，从管理层面和技术层面，提出一些软件研制的新思路和新方法，并在型号中进行探索和实践，是提升软件产品质量必须解决的问题。

以王晓玲等为代表的新一代载人航天运载火箭软件研制团队，长期从事软件开发与质量管理工作，积累了丰富的软件研制经验。尤其是在长征五号和长征七号运载火箭软件研制过程中，在软件系统架构设计、软件系统安全性设计、软件系统风险控制和软件重用等方面，开展了很多有益的实践，并取得了很好的效果。他们将自己工作中的经验进行了进一步分析和总结，利用工作之余完成了本书，书中有来自型号一线的实际案例，还配有比较详尽的模板。这些实践将会对读者的工作起到切实有效的指导作用。

在此，我仅向从事软件研制和管理的同行们积极推荐本书。我相信，只要你认真地阅读它，就会有所收获。

马卫华

2020 年 6 月

前　言

2017 年 4 月长征七号遥二火箭成功发射天舟一号货运飞船，9 月 22 日天舟一号货运飞船成功完成了各项试验任务，标志着我国载人航天"三步走"的第二步飞行任务及拓展应用全部完成，中国正式迈入"空间站时代"。从 1992 年 9 月 21 日正式立项至今，载人航天工程铸就了一次次辉煌，作为载人航天工程重要组成系统之一的运载火箭系统发挥了巨大的作用，而作为火箭"灵魂"的软件系统更是功不可没。

回顾载人航天工程立项之初，以梁思礼院士为代表的专家学者首先提出了在载人航天工程中实施软件工程化管理的思路，专家们的建议拉开了载人航天工程乃至整个航天型号软件工程化的序幕，从而诞生了《921 工程软件研制工作管理要求》和《921 工程软件工程化技术文件》等一系列指导载人航天型号软件研制的标准规范。这些标准规范的推广实施改变了传统的软件质量管理薄弱的状态，使软件质量管理走上了系统、规范之路，使软件工程化研制和质量管理有章可循，在载人航天工程乃至整个航天型号软件研制过程中发挥了巨大作用。

近年来，随着科学技术的不断发展，承担空间站工程任务的新一代运载火箭也进入了跨越式发展的关键时期，大量新技术的应用也促进了软件技术的发展，软件功能、性能以及复杂度不断增加，软件与硬件设计相互渗透，软件已不再是简单堆叠的独立配置项，而是有机结合的复杂的软件系统。为了更好地应对挑战，新一代运载火箭软件设计师队伍不断总结以往软件研制中的经验和教训，探索了一种科学而高效的软件研制方法，进一步提升了软件系统的研制能力，提高了软件产品的研制质量和可靠性。在空间站工程任务的关键时点上，将这些最佳实践进行提炼、总结和整理，让更多的型号或系统软件研制人员得以借鉴，从而提高航天软件研制的质量尤为必要。

本书回顾了我国载人航天运载火箭软件工程化的发展历程，总结了软件在开发与管理方面的具体经验，主要对新一代运载火箭软件研制方面一些切实可行的实践和经验进行了总结，可供其他军工型号软件研制管理和设计人员参考。

本书共分为 6 章，其中第 1 章介绍了载人航天运载火箭软件研制的历程；第 2 章介绍了载人航天运载火箭软件系统分析与设计方面的实践；第 3 章介绍了载人航天运载火箭软件系统安全性分析与设计方面的实践；第 4 章介绍了载人航天运载火箭软件系统风险控制方面的实践；第 5 章介绍了载人航天运载火箭软件重用方面的实践；第 6 章展望了载人航天运载火箭软件技术发展的方向。

本书的主要撰写者有王晓玲、安占新、邹军、刘俊阳、韩翔宇，由安占新同志对全书进行了统稿，最终由王晓玲、宋征宇进行定稿。

本书的撰写工作得到了很多同志的帮助，特别感谢中国载人航天工程办公室的王忠贵和赵宇棋两位老总对本书的推荐以及给予的鼓励；特别感谢马卫华同志一直以来对软件团队的支持和鼓励，并为本书作序；特别感谢新一代运载火箭的历任领导王小军、王珏、孟刚、范瑞祥、李东等同志对软件团队工作的大力支持；特别感谢为新一代运载火箭软件系统研制付出辛苦努力和汗水的兄弟姊妹们；特别感谢为软件重用体系建设付出辛勤劳动的解月江、何枫、仲宇、杨威、庞贺、上官子粮等同志；特别感谢航天科技图书出版基金的资助。

因作者水平有限，书中难免有不妥之处，敬请读者批评指正。

王晓玲

2020 年 6 月

目　录

第1章　载人航天运载火箭软件研制简介

1.1　概述

随着计算机技术和设备数字化的飞速发展，航天系统从早期以硬件设备为主导、以软件实现硬件系统特定功能的年代，逐渐迈入以软件为中枢，贯穿于航天系统的各条脉络的新时代。航天型号软件在天上可实现飞行控制，在地面可完成各项检测，而软件质量成为影响航天产品质量的关键因素。

20世纪60～70年代，在航天型号中出现了可以进行指令解析的计算装置，形成了航天型号软件的雏形；80年代初期，在少量航天型号中出现了软件与硬件混合的控制系统；80年代中期，随着箭上计算机在航天型号的应用，更多复杂的控制由软件实现，使型号研制更加快速、灵活，软件研发技术也出现在航天型号研发技术序列中，标志着航天型号软件正式纳入我国型号研制体系；90年代，由宏汇编的箭上软件＋DOS操作系统的地面测发控软件走向成熟，软件在航天型号中的比重逐步加大。

近年来，随着科学技术的不断发展，我国新一代运载火箭型号也进入了跨越式发展的关键时期，大量新技术在新一代运载火箭型号中得到了应用与推广。这些新技术的应用，也促进了软件技术的适应性发展，使软件的功能增多、复杂度提高。软件与硬件的设计相互渗透，软件不再是简单堆叠且独立的配置项，而是有机结合的复杂分布式系统。软件研制特点也有所变化：

（1）软件规模增大、数量增多、复杂度提高

以往运载火箭型号的软件配置项数量一般有几十个，软件规模多数为几十万行，软件之间的接口关系较为简单，接口总线形式多为串行总线或以太网；新一代运载火箭型号的软件配置项数量已经达到了几百个，软件规模也达到了几百万行，接口关系也越来越复杂，接口总线形式涵盖了串行总线、1553B总线、控制器局域网络（CAN）总线、以太网等。

（2）软件可靠性、安全性要求高

软件作为航天型号的重要组成部分，能够影响航天任务的成败。在软件运行过程中如发生软件失效，有可能造成任务失败，还可能会发生人员伤亡、设备损坏和破坏环境等事故，在这种背景下，航天任务对航天型号软件的可靠性与安全性提出了较高要求，而新一代运载火箭承担着空间站工程的重要任务，其可靠性和安全性要求相对于其他运载火箭型号更高、更细化。

（3）强实时、嵌入式为主[1]

航天型号的关键软件多数是嵌入式软件，其固化在航天计算机中，与硬件关系密切，

以实现特定功能；同时，航天型号大部分为强实时系统，具有严格的时限要求（要求软件在一定时间内完成相应的处理，要求系统处理结果逻辑正确、时序正确）。

（4）环境苛刻[1]

航天型号软件的运行环境较恶劣，经常受到电磁辐射和空间离子的干扰，造成箭载计算机内存位翻转，需要及时处理异常、进行故障定位和恢复运行。

（5）自行研制为主[1]

为确保航天型号软件满足保密性、可靠性和安全性要求，软件基本依靠自行研制。

（6）软件测试验证要求高

软件测试验证作为提高产品质量的有效手段，在航天型号软件研制中得到了广泛的应用。在载人航天工程任务中，对软件测试验证提出了很高的要求，对由关键高级语言编写的软件，不但要求源码级 100％ 测试覆盖，而且要求目标码级 100％ 测试覆盖；在空间站工程任务中，要求现场可编程门阵列（FPGA）软件的语句、分支、条件和状态机覆盖率达到 100％。

（7）软件研制单位多样化[2]

软件研制单位不再单纯地分布在航天系统，软件研制逐步向跨单位、跨专业的方向发展，涵盖了航天、航空、船舶等多个领域，由于不同领域研制背景差别较大，软件的管理难度逐渐增大。

从软件研制特点可以看出，其重要性不言而喻。正因为如此，一代代航天人为了对航天型号软件进行有效的管理，不断研究新方法、探索新思路。航天型号软件工程化的引入，源于载人航天工程。正是载人航天工程的立项研制，改变了原先航天型号软件质量管理薄弱的情况，使软件工程化研制和质量管理有章可循，同时航天型号软件研制也在实践中求创新、创新中谋发展、发展中提能力，形成了自己独特的软件研制模式。

1.2　载人航天软件工程化发展历程

1.2.1　"自编、自导、自演"的软件研制模式

软件的应用是随着计算机技术的应用发展起来的。自 20 世纪 50 年代我国组建航天队伍，发展航天事业以来，软件专业经历了从无到有、从不规范到规范的过程。在软件应用的初期，软件只是为了完成硬件的特定功能（属于硬件的附属品），没有建立相关的技术和管理标准，编码完全依靠个人能力和个人风格，也没有规范的组织管理，属于一种"自编、自导、自演"的软件研制模式，主要表现为：

1）各软件研制单位没有相应的软件研制机构或岗位，管理上缺少相应的办法和规章，不少型号管理人员把软件看成硬件的附属品。

2）大多数软件研制项目没有贯彻软件工程规范，大多数软件研制单位不了解软件工程规范的作用，甚至不知道需要什么规范。

3）各软件研制单位不重视软件需求分析和软件设计，不认真对待规格说明，把编写

必要的文档看成额外负担，互相联系仅靠口头的"君子协定"，或虽有书面约定但很粗略，且离规范要求甚远。

　　4）软件研制者习惯从头到尾由自己一人负责，分析、设计、编码、测试全由自己完成，即所谓"自编、自导、自演"的软件研制模式。

　　5）缺乏严格的检验，不进行适当的测试，没有独立的测试队伍，测试与调试不分。

1.2.2　软件工程化体系的建立

1.2.2.1　软件工程化思想引入

　　为了改变软件"自编、自导、自演"的研制模式，许多专家进行了深入探索。20 世纪 90 年代初期，火箭控制系统专家、导弹控制系统研究领域的创始人之一、中国科学院院士梁思礼在《容错技术在航天领域中的应用》一文中，对软件在系统中的地位做了如下描述："随着计算机在系统中的广泛应用，不应该再把软件看成是计算机硬件的附属品。飞船、火箭上的嵌入式软件应该作为一个单独的系统来考虑，起码应与船、箭上的硬件系统处于同等重要位置。另外，软件和硬件必须结合在一起来考虑，不能分成两个分离的系统，因此提出以下的命题：计算机硬件可以比作是躯体，而嵌入式软件则是灵魂。躯体本身是一堆死机器，只有与灵魂结合，才能活起来。而软件作为灵魂必须与硬件躯体结合才能存在（发挥作用），否则就会变成'魂不附体'了。不仅对嵌入式，就是对其他各种计算机应用软件，如计算机辅助应用软件 CAX（即 CAD/CAM/CAPP/CAT/CAE 等的简称）或集散控制系统等，上述'躯体与灵魂'命题也都适用。因此，在各类计算机应用中软件的重要性已提高到了主导地位。"[3]

　　在载人航天工程（简称"921 工程"）立项之初，梁思礼院士及相关专家在"关于软件工程向领导汇报内容概要"[3]中提出了四个方面的建议："第一，921 工程必须实施软件工程化。第二，软件工程化的基本思想和内容。第三，921 工程软件工程化需争分夺秒做好准备。第四，921 软件工程化的具体纲要框架。"报告在综述 921 系统特点及其软件特点的基础上，提出"只有用'软件工程'方法进行开发才可能成功"的论断。同时也论述了当时航天领域软件工程化的现状：虽然当时航天部已经组织制定了 14 项软件工程规范，国家已颁布了 8 项国家标准，国防科学技术工业委员会也组织制定了 6 项国家军用软件标准，但是广大科技和管理人员对标准还是不了解。尤其是在软件开发过程中普遍存在没有管理、没有规范、没有文档、没有控制、没有独立测试的情况，甚至许多管理人员仍然将软件作为硬件的附属品。专家们结合当时国外军用软件研制的情况，提出利用 2～3 年的时间，尽快在 921 工程中建立软件工程化管理的规范，并在型号研制过程中强制实施。

1.2.2.2　软件工程化标准体系建立

　　专家们的建议拉开了 921 工程乃至整个航天型号软件工程化的序幕，软件研制队伍开始积极探索，总结航天型号软件的研制经验，对航天型号软件研制模式进行变革，选派优秀的研制人员学习国外的软件研制经验、软件管理方法。1992 年制定的《921（航天）工程软件研制管理办法（试行）》为航天型号软件研制提供了规范性的指导。1997 年，

《921工程軟件研制工作管理要求》（后簡稱《管理要求》）和《921工程軟件工程化技術文件》（后簡稱《技術文件》）等管理與技術規範正式問世，在《管理要求》的第一條明確規定"軟件是921工程產品的重要組成部分，要將工程軟件作為產品同硬件一樣納入工程研制的計劃、技術和質量管理渠道"；同時，還規定"軟件要列入產品配套表和工程研制年度計劃"，尤其是加強了對A、B級軟件的管理力度。在技術層面，《技術文件》從6個方面給出了技術支持文件，包括軟件測試細則、軟件評審細則、軟件驗收與交付細則、軟件配置管理細則、軟件開發與文檔編制、軟件設計與編程指南等。上述舉措改變了傳統的軟件質量管理薄弱的狀態，使軟件質量管理走上了系統、規範之路。軟件工程化管理標準體系的初步建立，使軟件工程化研制和質量管理有章可循、有法可依，在921工程及后續新航天型號軟件的研制過程中都發揮了巨大的作用。

1.2.2.3　軟件工程化標準體系完善

載人航天工程軟件工程化標準體系隨著工程任務的變更，大致經歷三個演化的階段：

第一個階段也就是載人航天工程一期任務階段，此時主要是解決軟件工程化問題。在初版的《管理要求》中，首先強調了軟件要作為產品，應得到與硬件同樣的管理，並納入工程研制計劃。其次在技術方面形成專門的《技術文件》，從軟件測試、軟件評審、軟件驗收與交付、軟件配置管理、軟件開發與文檔編制、軟件設計與編程6個方面詳細規定了軟件工程化的要求，尤其加強了對A、B級軟件的管理力度，在《管理要求》中，著重強調了對關鍵軟件的變更控制，尤其是涉及系統間協調或接口關系時，應提高一級審批。最后，在質量管理方面，提出了各研制單位要按照GJB 9000系列質量管理和質量保證標準開展質量管理工作，確保軟件質量全面受控。

第二個階段也就是載人航天工程二期任務階段，此時主要針對型號軟件技術的發展需求，對《管理要求》和《技術文件》都進行了較大幅度的修訂和細化。2007版《管理要求》在對一期內容細化的基礎上，主要增加了三方面的內容：第一，增加了對操作系統、編譯器、編程語言以及開發環境等的安全性驗證與確認要求；第二，提出了軟件系統設計的要求；第三，增加了不同級別的測試覆蓋率要求，尤其是配置項測試目標碼覆蓋率的要求。2007版《技術文件》的體系框架也發生了變更，從軟件開發過程、軟件文檔編制、軟件測試、軟件評審、軟件驗收與交付、軟件配置管理以及軟件可靠性和安全性設計7個方面進行了細化，尤其是細化了A、B級軟件的測試覆蓋率要求：單元測試不但要求語句分支覆蓋率達到100%，對於高級語言編寫的A、B級軟件，還要求MC/DC覆蓋率達到100%；配置項測試不但要求源碼語句分支覆蓋率達到100%，還要求目標碼測試語句分支覆蓋率達到100%。同時，為了進一步指導載人航天型號軟件可靠性和安全性設計工作，《技術文件》專門增加了軟件可靠性和安全性設計指南。

第三個階段也就是目前正在進行的空間站工程任務階段，大量新技術的應用，使得航天型號軟件的規模增大，種類、數量增多，復雜程度提高，針對這些特點，為滿足空間站工程任務需求，進一步加強軟件研制工作，在充分繼承以往經驗的基礎上，研制人員進一步完善空間站工程的《管理要求》和《技術文件》，2014版的《管理要求》更具有可操作性，它修订了部分测试验证覆盖率要求，增加了现场可编程门阵列软件研制过程要求。
2014 版《技术文件》的体系框架也发生了变更，从软件研制过程、软件文档编制、软件
测试、软件评审、软件验收与交付、软件配置管理、软件设计与编程、软件研制技术流
程、软件安全性、软件保密性、外购软件选用以及 FPGA 软件研制 12 个方面进行了细化
和完善。尤其是细化了 4 种不同类型软件的研制流程，增加了 FPGA 软件研制过程指南，
明确了 FPGA 软件研制流程，对于 A、B 级 FPGA 软件要求语句、分支、条件、表达式和
状态机覆盖率达到 100％等。

1.2.3　软件工程化管理的规范

2003 年在中国航天发展史上十分重要，长征二号 F（CZ‐2F）Y5 运载火箭准确地将
神舟五号载人飞船送入预定轨道，实现了中华民族千百年来的飞天梦；2017 年也是中国
载人航天史上不平凡的一年，4 月 20 日长征七号（CZ‐7）运载火箭顺利将天舟一号货运
飞船送入预定轨道，9 月 22 日天舟一号货运飞船成功完成各项试验任务，标志着我国载人
航天"三步走"的第二步飞行任务及拓展应用全部完成，中国正式迈入"空间站时代"。
在这个过程中，软件作为火箭系统的"大脑"也完成了光荣的使命，表现堪称完美。回顾
载人航天运载火箭系统软件的研制历程，从工程化思想的引入，到标准体系建立，最终还
是落脚在规范的过程管理上。

1.2.3.1　分级分类的软件管理

航天型号软件在研制初期，一般要对软件进行初步危险分析（PHA），按照其承担任
务的关键程度以及软件失效可能导致的后果，确定软件的安全关键等级（一般分为 A、B、
C、D 4 级，见表 1‐1）。根据软件关键程度的不同实现分级分类管理，使用不同的管理方
法获得最大的效益。

表 1‐1　软件安全关键等级划分

软件安全关键等级	软件危险程度	软件失效可能导致的后果
A	灾难性危害	人员死亡，系统报废，任务失败，环境严重破坏
B	严重危害	人员严重受伤或产生严重职业病，系统受到严重损害，任务受到严重影响
C	轻度危害	人员轻度受伤或产生轻度职业病，系统受到轻度损害，任务受到影响
D	轻微危害	低于轻度危害的损伤，但任务不受影响

注：对软件失效可能导致的后果有多个描述，它们之间是或的关系，即只要一项描述满足就可以确定关键等级。
若某个软件失效有多种影响，则按照影响的最高等级确定关键等级。

为了充分利用优势资源，更好地对软件进行有效管理，火箭系统针对不同的软件安全
性等级，在管理方面探索了许多行之有效的方法。对于 A、B 级软件，加强关键节点的评
审把关；对软件任务书、软件需求说明、软件代码审查等组织正式评审，请相关专业的同
行、专家把关，提高评审的质量；加强 A、B 级软件的测试工作，不但要完成开发方测

试，还要委托有相应资质的第三方测评机构开展第三方测试。应用软件测试类型包括文档审查、静态分析、代码审查、功能测试、接口测试、性能测试、余量测试、安全性测试、容量测试和强度测试等。在动态测试和人工代码审查条件下，源码和目标码的语句覆盖率达到100%，分支覆盖率达到100%；FPGA软件测试包括编码规则检查、人工走查、功能仿真、时序仿真、静态时序分析等，在动态测试和人工代码审查条件下，语句、分支、条件、表达式、状态机覆盖率达到100%。

C级软件主要包括控制系统的地面测试软件、测量系统软件以及发射支持系统软件，该类软件虽不参与控制，但是软件失效会影响发射流程或遥测数据获取。针对上述特点，通过软件系统安全性分析，运载火箭系统对影响发射流程或影响重要测量参数获取的C级软件加严管理，包括提升软件各个关键节点的评审级别，特别是委托有相应资质的第三方测评机构开展测试。

D级软件主要包括单元测试软件和等效器软件。此类软件多数只在单位内部或在单元测试阶段使用，在以往型号研制时，往往只有个别配置项纳入型号配套表。为了规范此类软件的管理，运载火箭系统要求所有相关软件必须列入软件配套表，纳入管理。

1.2.3.2　规范的软件研制技术流程

规范的软件研制技术流程是保证型号软件研制的基本条件，运载火箭系统在软件研制的过程中，按照4种研制类型（包括Ⅰ类、Ⅱ类、Ⅲ类和Ⅳ类，见表1-2）分别形成相应的技术流程，从而规范不同类型的软件研制。

表1-2　软件研制类型[7]

类型编号	类型名称	说明
Ⅰ类	沿用软件	已成功完成飞行试验任务，不加修改即可再次使用的载人航天工程各系统型号软件配置项
Ⅱ类	参数修改软件	不更改软件可执行代码的内容，仅修改软件配置参数即可满足任务要求的软件配置项
Ⅲ类	适应性修改软件	根据任务要求，进行适应性修改、完善设计以及提升关键等级的软件配置项
Ⅳ类	新研软件	不属于上述三类的新研制的软件配置项

注：装定参数通常包括编译时绑定的宏和常量定义，以及固化时写入的配置文件；装定参数的修改不会引起软件二进制机器码中的可执行代码的改动。

航天型号软件研制根据其特点，按表1-2的相关规定确定研制类型，执行相应的技术流程，并与型号研制周期相协调。

Ⅰ类软件技术流程如图1-1所示。

图1-1　Ⅰ类软件技术流程[7]

Ⅱ类软件技术流程如图 1 - 2 所示。Ⅱ类软件应与被修改软件的软、硬件及外部接口环境一致，在功能和使用方式上一致；被修改软件的研制过程应满足软件工程化要求，在飞行试验过程中未发现问题，且不存在其他型号"举一反三"涉及的问题。

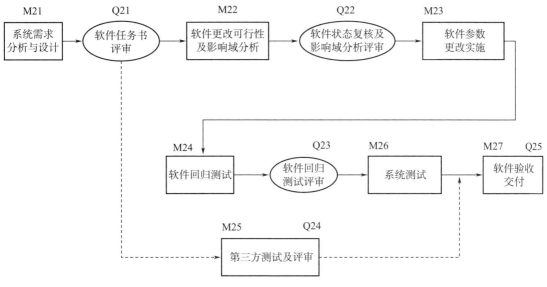

图 1 - 2　Ⅱ类软件技术流程[7]

Ⅲ类软件技术流程如图 1 - 3 所示。Ⅲ类软件应与被修改软件在功能和使用方式上一致；相对被修改软件仅进行适应性更改，不影响原有软件的体系结构；被修改软件的研制过程应满足软件工程化要求。

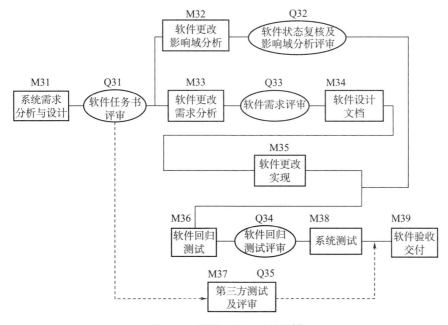

图 1 - 3　Ⅲ类软件技术流程[7]

Ⅳ类软件技术流程如图1-4所示。Ⅳ类软件是相对于基线状态完全新研的软件，要按其安全关键等级执行一个完整的技术流程。

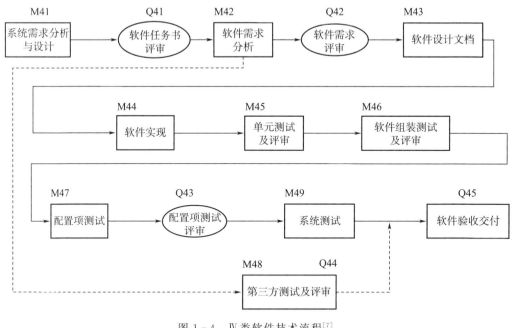

图1-4　Ⅳ类软件技术流程[7]

1.2.3.3　严格的过程质量控制

2003年，神舟五号发射成功。梁思礼院士的回忆录《一个火箭设计师的故事》（"神舟五号胜利回来啦！"一章）中有这样一段描述："……会间，总设计师王永志跑过来跟我握手，说'你倡导的软件工程化起了大作用'。我认为这是对我为载人航天所做工作的肯定，软件工程不仅对921工程起了大作用，而且也已推广到其他航天型号。……921工程七大系统的嵌入式软件已经有几十万条，也就是说直接与任务有关的，即飞船和火箭上用的、包括航天员生命保障系统等这些方面的应用软件有几十万条。若未按软件工程方式管理，仍然是按过去自编、自导、自演方式研制软件，则根本无法实现控制，无法保证软件的质量和可靠性。"这不仅是对载人航天工程的认可，更是对软件工程化的肯定。

从1992年921工程立项、软件工程化思想的引入到2003年神舟五号成功发射、软件工程化作用的彰显，中国运载火箭型号软件发展经历了一场伟大的变革。从921工程开始，运载火箭系统对型号软件研制过程实施全过程质量控制。软件研制各阶段的文档按照不同级别进行严格的同行评审，确保需求传递正确，各方理解一致。

所有配套软件在受控之前必须完成工具辅助下的静态分析，以便最大程度地发现违反软件安全性设计规范的内容。表1-3是软件静态分析检查单的一个示例。

表 1-3　软件静态分析检查单

序号	检查项目	检查方式	检查结果	备注
1	变量使用前未初始化	工具检查		
2	缓冲区溢出	工具检查		
3	堆栈溢出	工具检查		
4	内存泄漏	工具检查		
5	数组越界	工具检查		
6	试图使用已释放内存	工具检查		
7	内存释放不当	工具检查		
8	空指针使用	工具检查		
9	返回值不匹配	工具检查		
10	不可达代码	工具检查		
11	…	…		

所有软件必须通过代码审查。运载火箭系统非常重视代码审查工作，要成立由领域专家组成的代码审查小组，对照软件任务书、软件需求说明、软件设计说明以及代码审查单，对软件源代码逐行进行审查，有效地确保软件产品质量。表 1-4 为软件代码审查单示例。

表 1-4　软件代码审查单

代码审查单				
软件名称	××软件		版本	××02.01
审查人	××		日期	2014 年 12 月 11 日
测试项	Guide. c 中的 G_Lead 函数模块			
序号	审查项目	审查要求		
1	功能	导引功能是否实现了需求规定的全部内容		
2		导引功能是否实现了需求规定以外的操作		
3		导引功能的使用是否符合需求规定的控制要求		
4		导引计算的时间条件设置是否满足需求说明要求		
5	接口	函数接口参数类型和参数传递是否正确		
6		全局变量的使用是否存在被其他分支或路径异常改变、与预期设计不符合的情况		
7	安全性	在导引计算中使用除法运算操作时，是否进行了除零保护		
8		是否存在对负数进行偶次方根运算的情况		

续表

序号	审查项目	审查要求
9	控制流	是否存在浮点数比较相等的情况
10		条件语句使用的判别条件是否正确
11		判定转移的目标是否正确
12		循环执行的次数是否正确
13	数据流	不同类型赋值计算时是否进行了强制类型转换
14		变量使用的数据范围是否无效

审查结果说明

问题	位置	问题报告单编号
审查结论		

　　为了保证软件产品的质量，在新一代运载火箭型号软件研制过程中，还要求软件设计人员开展自查，根据载人航天相关型号软件的质量要求，统一下发自查检查单，以便设计人员在早期发现自身问题，保证软件产品质量。其中自查检查单的示例见附录 A。

　　运载火箭系统非常重视软件验收工作，结合需要验收的产品特点，实施表格化管理（软件验收确认表的示例见附录 B），提前制定验收细则；对 A、B 级软件进行单独验收，C、D 级软件随硬件产品一起验收，但是要单独形成软件研制报告。验收分两步进行，即预验收与正式验收，其中预验收是对照验收方提出的任务要求，检查被验收方提供的软件任务书、软件需求说明、软件设计说明、软件测试文档、软件研制报告等各类软件过程文档，检查被验收方软件研制过程的符合性以及产品正确性；正式验收是按照载人航天工程的验收要求进行的。

1.2.3.4　软件技术状态控制

　　载人航天工程是多个系统协同工作的系统工程，任何一个环节的失效都可能导致不可估量的损失，型号软件系统亦如此。如何能够有效控制各个软件的技术状态，使其协同工作，是系统工程一直面临的一个难题。因载人航天工程肩负重要的任务，对技术状态的控制历来就极其严格，在多年软件研制过程中，运载火箭系统不断总结和探索，形成了一套行之有效的技术状态控制方法。其中具有代表性的包括软件"三库"（开发库、受控库、产品库）配置管理的模式，以及软件更改影响域分析的方法，这些方法的应用有效地控制了软件技术状态，为提供高质量的软件产品奠定了基础。

　　根据多年的经验，配置管理工作主要包括三个要素：方法（标准）、人员和工具。在有效的方法（标准）指导下，合适的人员在合适的工具辅助下，配置管理工作确实能够达到事半功倍的效果。因此运载火箭系统各软件配套单位，均按照各自的软件配置管理程序文件建立了"三库"，使用配置管理工具辅助实施管理。"三库"的软件版本状态明确，更改严格受控，设计人员遵循相关标准履行更改手续，配置管理员负责对已受控文档和程序等进行管理。参加分系统综合试验以及第三方测评的软件均出自受控库，参加出厂测试和靶场飞行试验的软件均出自产品库。

配置管理是对不同控制基线下的软件版本进行有效管理，而软件更改影响域分析则是如何使更改更有效。运载火箭系统软件针对自身特点，总结出了一套软件更改影响域分析的方法，并形成了行业标准供其他系统参考。具体内容包括：分析软件更改的原因、统计软件更改的类别；分析是否影响软件配置项的外部接口和内部接口以及软件安全性、可靠性。软件配置项外部接口主要包括硬件接口、软件接口及协议、外部中断、相关软件文档；软件配置项内部接口主要包括调用关系、程序执行路径、输入输出关系、数据结构、性能、内部中断。根据对软件的影响域分析结果，提出相应的测试要求，包括文档审查、代码审查、单元测试、配置项测试以及系统测试要求，并形成更改影响域分析表或者报告。

1.2.4　软件研制能力的提升

1.2.4.1　研制能力的变迁

在载人航天工程一期，运载火箭系统配套软件的数量有几十个，其箭上软件多数使用汇编语言，地面软件编程语言多数使用标准 C 语言；一般使用串行总线进行通信；冗余方式一般采用主从中央处理器（CPU）冗余；软件承研单位较单一，多为航天系统内部单位。这个阶段主要解决软件工程化问题，在工程总体第一版的《管理要求》和《技术文件》中重点规范了研制流程，应用了瀑布模型，加强过程评审、配置管理和测试（尤其是第三方测试），并对软件安全性分析提出了要求。

在载人航天工程二期，火箭系统软件有 100 多个，箭上软件多数使用 C 语言编程，地面软件多数使用 C++语言编程；箭上总线形式多数使用串行总线，地面开始使用以太网通信；冗余方式不变，但是算法有了很大的改进和提高；软件研制单位较单一，多为航天系统内部单位。经过一期工程，火箭系统的软件工程化水平有了很大的提高，针对这个阶段软件研制的特点，面对不断增多的使用高级语言编写 A、B 级软件的状况，在工程总体 2007 版的《管理要求》和《技术文件》中重点在测试方面提高了要求，如对目标码测试覆盖率、MC/DC 测试覆盖率等加严要求；细化了不同类型软件的研制流程，同时要求开展基于功能、部件和单元的软件失效模式及影响分析（Software Failure Mode and Effect Analysis，SFMEA）、软件故障树分析（Software Fault Tree Analysis，SFTA），使安全性分析工作更加全面、具体。

在空间站工程任务阶段，软件数量有几百个，虽然使用的软件编程语言没有变化，但是由于各种智能单机的应用，使得 FPGA 类软件的数量大幅度增加；接口形式越来越复杂，且系统冗余方式发生了很大变化，冗余控制方式和控制算法又得到进一步提升。针对这个阶段软件研制的特点，在 2014 版的《管理要求》和《技术文件》中重点增加了对

FPGA类软件的研制要求，规范了这类软件的研制工作。同时软件研制单位不仅分布在航天系统，还分布在航空、船舶等多个领域，由于不同领域研制背景差别较大，软件的管理难度逐渐增大。

新一代运载火箭系统作为载人航天工程的主要系统之一，在充分继承载人航天工程一期和二期软件管理和技术成果的同时，还根据自身研制的特点，在技术和管理两个层面分别开展了一系列探索和实践。尤其在软件研制队伍建设、软件系统分析与设计、软件配置项研制等方面都取得了良好的实效，形成了具有运载火箭特色的工作思路和方法，在一定程度上提升了软件过程管理和技术研制的能力。

1.2.4.2　专业化软件研制队伍的建立

1996年，中国航天工业总公司根据型号任务研制需求，本着"以测试促开发"的思路，成立了独立的软件第三方评测机构，首先对载人航天工程中的关键软件进行独立的第三方评测，并将其作为软件交付的条件，这些评测机构对后续各个型号都进行了评测。同时，部分单位成立了专门的软件技术研究室，统筹资源，推进软件技术发展；在型号队伍建设中，设立和配备专职的软件正副主任设计师，建立专业管理队伍，充分调动软件研制人员的积极性，提升软件管理水平，确保软件产品质量。

针对新一代运载火箭系统软件的特点，为了对软件研制工作进行有效管理，提高软件产品质量，新一代运载火箭系统设立了专职的软件副总师，开展型号软件的组织、管理、技术把关和协调等工作。在设立专职软件副总师的同时，为进一步强化软件副总师组织管理执行力，成立以软件副总师为组长、各个重要分系统软件负责人为成员的软件工作组。工作组坚持例会制度，定期对各配套单位的软件研制情况进行跟踪管理，并制定计划，参与关键软件重要节点的评审和验收，同时对关键软件进行独立检查，及时发现并纠正问题。在火箭系统软件研制过程中，工作组协助型号两总和软件副总师，推动全型号软件的工程化管理，从而提升型号软件的整体质量。

1.2.4.3　软件系统层面的实践

在新一代运载火箭研制初期，软件工作组针对其任务特点，进行了总体策划，形成了以"五视图"的方法进行软件系统架构设计、基于时序事件链的方法进行软件系统安全性分析、通过通用软件风险与特定软件风险相结合的方法进行软件系统风险分析的思路。

软件系统分析与设计（详细内容参见第2章）主要包括逻辑架构设计、物理架构设计、开发架构设计、运行架构设计和数据架构设计；软件系统安全性分析与设计（详细内容参见第3章）主要以时序分析为主线，对每个关键时序进行分析，梳理出与软件系统相关的危险事件，并对涉及的软件配置项进行分析，设计防范措施，提出验证要求；软件系统风险控制（详细内容参见第4章）主要通过对软件通用风险源和特定风险源进行识别，对风险进行综合分析，并提出风险管控措施，确保参与飞行试验的软件不带入高风险项目。

1.2.4.4　软件配置项层面的实践

载人航天工程任务的软件具有高可靠和高安全的要求，这些都体现在软件技术和管理要求中,在不同时期的配套软件研制过程中,火箭系统积累了丰富的经验,尤其是软件安全性分析与设计(详细内容参见第 3 章)、软件重用(详细内容参见第 5 章)、软件测试验证、软件更改影响域分析以及软件复查等方面的优秀实践方法的应用,有力地确保了运载火箭系统软件的质量。

(1)软件测试验证

在运载火箭系统软件研制过程中,软件的测试验证一直被作为保证软件产品质量的重要手段,同时因为安全关键软件的质量直接决定了型号的质量,因此载人航天工程总体对软件测试提出了很高的要求,例如单元测试(尤其是对 A、B 级软件),不但要求语句分支覆盖率达到 100%,对于高级语言编写的 A、B 级软件还要求 MC/DC 覆盖率达到 100%;配置项测试,不但要求源码语句分支覆盖率达到 100%,还要求目标码测试语句分支覆盖率达到 100% 等。

好的测试质量首先要有合适的测试环境和配套的测试工具。为达到单元测试的覆盖率要求,火箭系统选择了合适的单元测试工具(如 TESTBED),要求工具不但要支持多种编程语言的单元测试,还要给出语句、分支以及 MC/DC 覆盖率信息,以支撑单元测试人员进行测试充分性分析;同时还可以对软件产品的内在特性(模块化、清晰度、可测试性、可维护性、复杂度等)和编码规范(支持 GJB 8114)进行评估,通过量化的数据辅助软件开发人员在早期发现软件问题或缺陷,从而提升软件产品质量。表 1-5 和表 1-6 是单元模块测试静态分析结果示例,表 1-7 是单元模块测试覆盖率结果示例。

表 1-5 代码注释率统计分析示例

文件名称	文件总行数	代码行数	注释行数	空白行数
XXX. c	3039	1984(65.28%)	601(19.78%)	561(18.46%)
XXX. h	521	314(60.27%)	154(29.56%)	113(21.69%)
XXX. h	65	54(83.08%)	29(44.62%)	8(12.31%)
合计	3625	2352(64.88%)	784(21.63%)	682(18.81%)

表 1-6 单元模块圈复杂度和扇出数统计分析示例

序号	单元模块	圈复杂度(建议值<10)	扇出数(建议值<7)
1	PreSamplingAlogrim	8	3
2	FilterAlogrim	4	1
3	SetDPRAM	3	4
4	REAL64ToRAM	2	1
5	INT16ToRAM	2	1
6	UINT8ToRAM	1	1
7	INT16ByteCmp	5	3
8	REAL64ByteCmp	5	3
9	...	...	...

表 1-7　单元模块测试覆盖率结果示例

被测软件名称		XXX 软件		被测软件版本	V1.00
序号	单元模块	所属文件（或类）	测试方式	逻辑测试覆盖率（%）		
				语句	分支	MC/DC
1	CColNetCtrl	ColNetCtrl. cpp	动态	100	100	—
2	Init	ColNetCtrl. cpp	动态	100	100	—
3	Reset	ColNetCtrl. cpp	动态	100	—	—
...	...	...	...	...	...	...
16	ProcessPack	ColNetCtrl. cpp	动态	100	99	50
...	...	...	...	...	...	...

　　若说单元测试工作在合适的工具辅助下可以事半功倍，那么合适的配置项测试环境对于测试人员的作用会更加突出，在载人航天工程初期，软件配置项的测试环境以半实物仿真测试环境为主，如图 1-5 所示。

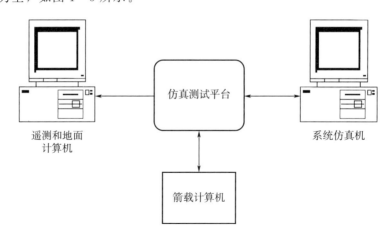

图 1-5　半实物仿真测试环境示意图

　　半实物仿真测试环境主要设备包括箭载计算机、仿真测试平台、系统仿真机、遥测和地面计算机。其中，箭载计算机用于运行飞行程序；仿真测试平台用于测试信号的注入与被测软件输出信息的采集，同时用于各计算机及箭载计算机之间的数据与信号交换；遥测和地面计算机用于监控箭载计算机，包括向箭载计算机上传飞行程序、接收飞行程序回送的各种相关射前信息及接收遥测数据；系统仿真机根据火箭的运动方程，模拟箭体在空间飞行过程中受到各种十扰后的实际飞行状态，并由仿真测试平台的接口设备实时向箭载计算机输入状态量，飞行程序按控制规律实时计算处理并通过仿真测试平台向仿真机输出控制量，仿真机根据控制量对箭体进行模拟控制并执行信息跟踪。

　　半实物仿真测试环境最大的优点就是比较接近被测软件的真实运行环境，但是距离载人航天工程软件测试的要求还有一定的差距，例如：

1）不能对测试是否充分给出量化的数据，包括语句覆盖率、分支覆盖率等；

2）仿真测试平台及其他测试设备的引入，带来了一定的测试误差，在对软件进行精度考核时，必定存在着不同程度的误差影响；

3）某些模拟异常状态的测试用例，可能会因硬件环境的限制而无法实施；

4）对于设计师或测试人员比较关心的一些关键变量，有时需要跟踪每个计算周期的数据变化，但受到箭载计算机内存容量的限制数据无法保存；

5）由于硬件设备生产受到周期和数量的限制，很难保证多人并行测试，不利于提高软件测试效率；

6）对输入的测试用例和取得的测试结果很难进行自动管理和辅助测试重用等。

鉴于上述情况，运载火箭系统研制了全数字仿真测试环境，该环境是一个高性能、高扩展性的系统级虚拟仿真平台，基于该平台可以快速建立被测嵌入式软件的执行环境，在一定程度上降低了嵌入式软件测试过程中对硬件环境的依赖，解决了被测软件在个人计算机（PC）上不能执行的问题。此平台能够在普通计算机上使用软件模拟各类 CPU，包括 CPU 的指令集、I/O 设备、时钟、寄存器、数据总线、地址总线以及设备驱动；提供内存监控、指令监控、端口监控等，支持程序加载、单步执行、变量查看、堆栈查看、寄存器查看、片上寄存器查看等；提供外围设计标准应用程序接口（API）以及存储器、定时器等外围模块。

相比传统基于半实物的测试环境，全数字仿真测试环境支持测试小组并行开展测试，在测试结束后统一分析覆盖率结果；对软件运行现场进行全方位监控，支持多种故障形式；以脚本形式描述测试用例，方便用例重用，支持全自动测试；在统计软件覆盖率的同时，不产生代码膨胀；支持外部仿真模块插件式添加及管理；支持流程控制；可扩展性强；运行速度快，效率高；支持源代码和目标码的覆盖率统计。图 1-6 是某型号软件全数字仿真测试环境的一个示意图。全数字仿真测试环境与被测软件的真实运行环境在功能上完全等价，数据处理精度满足测试要求；其计时时钟采用由虚拟内核提供的按照指令周期数推算的虚拟时钟，整个环境使用一个同步时钟，虚拟内核、虚拟环境组件的功能同步，但是虚拟时间与目标硬件平台的真实物理时间存在偏差，因此不能用于与时间相关的性能测试。

（2）软件更改影响域分析[5]

在进行软件更改影响域分析时，要分析并统计软件更改的原因。原因分类主要包括以下内容：

1）由软件任务书（用户需求）变更引起的更改；

2）由设计要求变更（或设计错误）引起的更改；

3）由代码审查意见引起的更改；

4）由测试发现问题引起的更改；

5）由质量问题归零引起的更改；

6）由质量问题"举一反三"引起的更改；

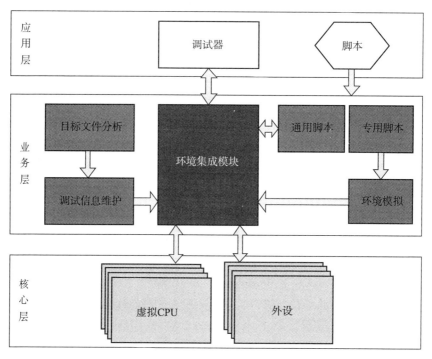

图 1-6　全数字仿真测试环境示意图

7）由其他原因引起的更改。

在进行软件更改影响域分析时，要分析并统计软件更改的类别。软件更改的类别分为以下三类：

1）Ⅰ类更改：涉及系统（分系统）外部的软件功能和物理特性的更改；

2）Ⅱ类更改：涉及系统（分系统）内部的软件功能和物理特性的更改；

3）Ⅲ类更改：不涉及软件功能和物理特性的更改。

影响域分析要从更改是否影响软件配置项外部接口、软件配置项内部接口以及软件可靠性、安全性等方面进行。具体包括：

（a）软件配置项外部接口影响分析

1）硬件接口。分析软件更改是否涉及配置项外部硬件接口，要对所有外部的硬件接口进行分析，对受影响的硬件接口要进行详细分析。

2）软件接口及协议。分析软件更改是否涉及配置项外部软件接口及协议，至少要考虑协议的数据格式、握手关系、校验方式、通信速率、时序关系等的变化，特别是要分析更改是否会引起资源冲突。

3）外部中断。分析软件更改是否涉及外部中断（硬件产生的中断），至少要从以下几个方面考虑：外部中断是否会造成时间冲突，是否会造成资源冲突，中断嵌套情况是否有变化，优先级是否有变化，中断使用方式是否有变化，实时性是否受影响，中断服务程序更改是否对主程序产生影响等。

（b）软件配置项内部接口影响分析

1）调用关系及程序执行路径。分析软件更改是否涉及程序调用关系和任务调度关系的变化（包括删除、增加或顺序改变等），同时要分析软件更改是否涉及程序执行路径及状态的变化。

2）输入输出关系。分析软件更改是否涉及输入输出关系的变化，至少要考虑实际参数与形式参数的个数、属性和量纲是否发生了变化，是否匹配等。

3）数据结构。分析软件更改是否涉及数据结构（含全局数据）的变化，包括数据的增删、数据长度、量纲、值域、初始化、传递关系、异常值的处理、作用域是否发生变化等。

4）内部中断。分析软件更改是否涉及内部中断，至少要从以下几个方面考虑：内部中断是否会造成时间冲突，是否会造成资源冲突，中断嵌套情况是否有变化，优先级是否有变化，中断使用方式是否有变化，实时性是否受影响等。

（c）软件可靠性、安全性影响分析

分析软件更改是否涉及软件的可靠性、安全性，包括是否引入了新的故障模式，是否影响到软件安全关键功能等，一旦涉及则需要重新进行可靠性、安全性分析并进行相应验证，以确保其可靠性和安全性。

（d）软件性能

分析软件更改是否涉及软件运行时间、数据精度、内存容量、内存释放等的变化，包括中断内外时间是否变化、是否会引起运行超时、是否存在内存泄漏等。

（e）软件文档影响分析

分析软件更改是否涉及软件文档的变化，包括软件需求说明、软件设计说明、软件使用说明、软件安装说明、靶场测试流程文件、软件维护说明等使用文件是否发生变化。

（f）软件产品使用方式影响分析

分析软件更改是否涉及软件产品使用方式的变化，包括固化、非固化、存储介质等方面是否发生变化，固化地址、启动地址等是否发生变化。

（3）软件复查

虽然火箭系统软件的研制严格按照载人航天工程软件的相关要求进行，为了实现"一次将事情做对"的目标，还要结合识别出的技术风险和薄弱环节，适时开展软件复查，主要包括软件功能、性能、中断处理、异常处理、时序、通信接口、测试覆盖性、堆栈使用、编译器使用、软件设计安全性、硬件使用、人机界面设计、支持软件使用等方面的复查工作。

（a）功能复查

功能复查可以从两个层面进行：一方面，对于一般的复查，主要对照软件任务书，逐条逐项目进行功能确认，包括对处理流程、操作数据、计算方法等所有功能进行复查，并对系统试验数据进行分析，确保满足任务书要求；另一方面，对于关键的飞行软件，可以进行基于实现的软件需求双向确认（表 1-8）。具体方法如下：

　　1）系统设计人员按照功能点，逐条梳理总体任务要求和软件任务要求的一致性；

　　2）软件设计人员对照软件任务要求，对软件需求说明进行梳理，复查软件需求说明对软件任务要求的符合性；

　　3）软件设计人员对照软件需求说明的每条要求，复查软件代码实现的正确性；

　　4）软件开发方测试人员和第三方测试人员对照软件任务书和需求说明中的每条要求，梳理软件测试结果，复查测试是否有遗漏；

　　5）系统设计人员对照软件任务书，逐条检查系统试验是否覆盖相关要求。

表 1 - 8　基于实现的软件需求双向确认表

序号	总体任务书要求	软件任务书要求	需求说明要求	软件代码实现情况	软件开发方测试情况	第三方测试情况	系统试验结果	参试软件版本情况	确认人	备注
	由软件任务提出方完成	由软件设计人员完成，并结合代码审查	由开发方测试人员完成	由第三方测试人员完成	由系统人员完成	由软件人员完成	系统人员和软件人员确认			

　　（b）性能复查

　　对关键性能指标进行确认，包括运行时间、运行空间等关键指标。性能复查的结果主要通过开发方测试或对第三方测评结果进行确认。

　　（c）中断复查

　　从中断优先级次序、中断的初始化、CPU 中断处理能力、中断服务时间、中断服务的寄存器保护、中断嵌套、中断内外共用资源、中断的结束、空中断处理、中断的开与关等方面对中断使用进行复查。

　　（d）异常处理复查

　　从状态输入口异常处理、状态输出口异常处理、采集的数据量异常处理、通信接口异常处理、内存数据异常处理、跑飞异常处理等方面进行复查。

　　（e）时序复查

　　软件时序复查是以时间为纵轴，在每一个关键时序节点，对软硬件、软件配置项之间的交互关系，以及在异常情况下有交互关系的软硬件之间、配置项之间的匹配性进行复查。

　　（f）通信接口复查

　　通信接口问题在软件问题中占比很大，一般单配置项很难对接口进行完整的测试，尤其是异常情况很难覆盖，而在系统试验中往往由于硬件设备本身的限制很难对一些故障进行模拟，因此，即使完成了各级的测试验证工作，通信接口的人工复查依然非常重要。所谓通信接口复查主要是针对串口通信、以太网通信、控制器局域网络（CAN）总线通信、

1553B 总线通信等各类通信接口，从设计与实现两个方面，对通信协议制定、错误处理、数据防丢措施等方面进行复查。包括：

1）与协议一致性：分析软件对接口数据的传输与使用是否与约定的协议一致，如按字节传输时多字节数据高低位的顺序对多余的数据如何舍弃。

2）校验：分析软件在接口数据处理时所采用的校验方法，以及双端校验方法的一致性；如果没有校验，是否会影响对数据的合理性判别。

3）握手机制：握手是在指令发送过程中经常采用的可靠性设计方法，分析握手的方式、超时退出时间、握手失败的处理方法。

4）故障重发机制：分析在通信故障情况下是否设计了重发机制（重发的频度、次数限制、状态指示），是否设置了重发识别标志以保证接收方能够甄别是重发数据还是新数据等。

5）时间特性要求：判断发送或接收数据的时间限制，如数据更新频度、两组指令的时间间隔。

6）函数调用：分析 API 函数调用的方法是否符合使用说明。

7）运行情况分析：对占用同一硬件资源的两个软件的接口进行分析，如监控软件将执行程序从 FLASH 导出的过程、两个软件同时运行时可能产生的软硬件资源冲突等。

（g）测试覆盖性复查[6]

对软件产品功能（含发射预案功能）的测试验证工作进行测试覆盖性复查。分析各类系统试验、软件测试（单元测试、确认测试、第三方评测）是否覆盖最终飞行状态，是否覆盖与发射地相关的测试验证项目，是否所有的功能、性能（含对外接口、余量、异常处理机制、吞吐能力等）都经过了各级测试或系统试验验证。软件功能、性能及测试验证分析情况见表 1-9。测试覆盖性分析需要针对每个流程、每个分支进行，对于不能覆盖的项目和分支，需要通过补充测试用例、试验或进行代码审查予以保证。

表 1-9　软件功能、性能及测试验证分析情况[7]

序号	功能性能项	单元测试	组装测试	确认测试	系统测试			第三方评测	是否满足任务书要求	备注
					综合试验	匹配试验	仿真试验			

应确认每个软件的最终版本是否经过各项测试与试验验证，软件版本变更是否均完成了回归测试与回归试验，回归测试和系统试验是否覆盖了所有的变更点，是否所有的功能都经过了各个系统的试验验证，分析研制过程中各个版本软件参加的试验验证情况，对于最终版本未进行验证的部分，需要通过补充测试用例、试验或进行代码审查予以保证。表 1-10 给出软件状态确认表的示例。

表 1-10　软件状态确认表

序号	软件被测版本	软件功能差异	测试项目	硬件设备	接口设备状态

（h）堆栈复查

使用工具进行最大堆栈统计或者使用手工方法进行统计，并满足至少 20% 的余量。

（i）编译器复查

针对已知的编译器错误或编译器使用限制进行复查，避免出现编译器使用错误。

（j）人机界面复查

主要检查是否对用户输入操作采取了安全性检查措施，例如：

1）用户界面是否利于操作，是否符合人们的操作习惯；

2）检查显示界面的布局和风格是否合理；

3）是否进行了数据类型合法性和数据值合理性检查；

4）是否采取了多键操作以避免用户误操作；

5）显示数据的更新频率是否合适，是否过快而无法被用户识别，或是否过慢而无法及时显示系统的状态。

（k）支持软件的复查

某些软件的编译过程或运行过程需要其他软件的支持，例如 VxWorks 应用软件要与各种链接库文件、驱动程序、BSP 包、补丁包以及 VxWorks 操作系统工程文件编译在一起，为保证实际应用软件的产品质量，需分析该软件与其依赖软件之间的关联性。例如：

1）需检查其使用的各种依赖软件是否匹配。若不匹配，则确认是否有风险，是否存在未解决的质量问题，是否影响最终产品的质量。

2）需检查被依赖的软件是否是正式产品，是否状态受控且质量合格。

（4）软件归零与举一反三

"双五条"归零标准（技术归零：定位准确、机理清楚、问题复现、措施有效、举一反三；管理归零：过程清楚、责任明确、措施落实、严肃处理、完善规章）反映了航天人对质量问题的态度，而载人航天运载火箭系统对归零要求则更为严格，对进入稳定性综合试验以后出现的所有软件质量问题或异常现象，无论大小均记录在案，确定为质量问题的，都严格按照"双五条"归零标准归零，同时要求提高对归零标准的认识，将"眼睛向内""系统抓总""层层落实""回归基础""提升能力"作为"双五条"归零标准的补充，深入查找管理上的薄弱环节，从基础和能力提升方面制定改进措施。

在质量问题归零过程中，要求同步开展质量问题的故障模式、故障机理、技术（工作）准则或禁忌的总结提炼，编写质量问题线索表，并纳入质量问题信息采集卡和归零报告。

在对质量问题进行严格归零的同时，针对本型号和其他型号发生的质量问题，运载火箭系统软件工作组定期对典型软件质量问题进行梳理，针对问题产生的机理提出需要举一反三的线索，形成专门的举一反三基线，组织型号队伍进行举一反三工作，并对各分系统的举一反三落实情况进行审查确认。

1.3　小结

载人航天运载火箭软件的研制，应一直围绕软件产品实现的全过程，以工程化研制为主线，分别从项目策划、过程控制、质量保证、差异化管控等方面开展相应的管理实践，这些实践活动将为提高软件研制保障能力和精细化管理水平提供支撑。

第 2 章　载人航天运载火箭软件系统分析与设计

2.1　概述

运载火箭系统在航天型号软件研制的历程中，经历了从单个配置项研制到由多个配置项组成的软件系统的研制过程。逐步建立了完善的软件系统分析与设计标准体系，并具备了复杂异构系统开发能力。航天型号软件系统研制是一个复杂的系统工程，要想在复杂的系统中保持各软件相互协调一致的工作，软件系统分析与设计至关重要。

本书给出的软件系统分析与设计方法主要面向一个完整的软件系统。这里的软件系统是由一组软件配置项构成的，这些配置项相互关联、相互作用、相互影响，是具有指定功能的软件整体。软件系统设计依据一套系统构建准则，将一个复杂的系统划分为多个简单的子系统集合，各子系统之间相互独立、协调工作，共同实现型号系统功能。

在运载火箭系统方案的论证阶段，初步制定软件系统方案、梳理关键技术、识别项目风险。软件系统分析与设计的主要工作是完成型号软件统一化，包括软件开发和测试标准统一化，处理器、编程语言、集成开发环境的统一化，从而使所有航天型号软件开发单位采用相同的标准和技术要求。进入软件研制阶段后，主要开展基于软件系统的接口设计、软件系统架构设计，并通过不断的论证、多轮的迭代过程，确保软件系统达到最优。

载人航天运载火箭的软件系统分析与设计分为两个层面，首先是全箭软件系统分析与设计，然后是运载火箭各主要分系统的软件系统分析与设计。

全箭软件系统分析与设计主要通过分析工程总体对系统的任务要求，进行系统分析与设计，形成软件系统设计方案，并提出分系统软件研制要求，主要内容如下：

1）进行全箭软件系统需求分析，分析工程总体对本系统的任务要求；

2）根据本系统的任务要求确定系统的软硬件体系结构，划分各分系统，并明确各分系统的功能；

3）进行软件分系统间数据流、控制流的接口分析与设计，确定接口的信息协议；

4）描述软件系统的物理拓扑结构，确定各分系统间的连接关系、物理链路；

5）设计并描述软件分系统间的时序关系；

6）进行系统的初步危险分析，识别并确定危险源，制定危险控制对策，提出各分系统安全性要求；

7）搭建软件系统仿真环境，进行软件系统设计的正确性、稳定性、可靠性、健壮性评估，如果软件系统设计通过评估，则进行各软件分系统的分析与设计工作，否则，需要进行迭代设计；

8）提出分系统软件研制要求。

运载火箭各主要分系统的软件系统分析与设计是根据总体下达的分系统任务书和分系统间接口控制文件，进行分系统内的软件系统分析与设计，其主要工作内容如下：

1）根据总体任务要求，进行系统需求分析，确定对分系统的功能、性能、信息接口要求；

2）根据分系统的需求，进行硬件、软件和人员操作的综合设计，确定分系统软件系统结构，明确各软件配置项的功能划分，明确软件开发技术、操作系统、编译器、编程环境和软件开发环境的选型；

3）进行软件配置项间数据流、控制流的接口分析与设计，确定接口信息协议；

4）描述软件系统的物理拓扑结构，确定各配置项间的连接关系、物理链路，确定冗余方案的设计与决策；

5）设计并描述分系统内各软件配置项间的时序关系；

6）在系统初步危险分析的基础上，开展分系统危险分析，识别与分系统具体设计方案有关的危险，确定对软件的安全性要求并开展软件初步危险分析，确定软件配置项的安全关键等级；

7）搭建软件系统仿真环境，进行软件系统设计的正确性、稳定性、可靠性、健壮性评估，如果系统设计通过评估，则进行各软件配置项的设计与开发工作，否则，需要进行迭代设计。

2.2 软件系统方案论证

2.2.1 必要性分析

在开展初期调研论证，以及运载火箭系统顶层规划和设计时，就要考虑软件技术在运载火箭系统中应用的必要性，为"软件定义装备"搭建灵活的系统框架。

首先，分析、识别出系统中使用软件技术实现的环节。例如，箭体数据采样、计算、控制指令输出等功能通过应用软件实现，箭载计算机内存及 I/O 端口的访问数据监测及发送逻辑通过 FPGA 软件实现，测发控设备的控制采用可编程逻辑控制器（PLC）。

其次，使用软件技术实现具有显著优势的功能和性能。利用软件先进技术，可以满足未来的使用需求。综合考虑并权衡性能、进度、使用及保障费用等相关因素，可以提高系统效费比。例如，为提高系统任务调度效率，增强可靠性、安全性及软件可维护性，基于嵌入式实时操作系统设计飞行程序，替换传统"中断＋循环"的前后台设计模式；面对日益增长的海量、异构地面测试数据进行统一管理和控制，提高数据快速处理和分析的能力；为满足未来自主可控的需求，采用国产处理器和操作系统作为软件开发运行平台。

2.2.2 任务分析

在调研国内外现状与发展趋势的基础上，分析系统工程总体对软件功能的要求，分解出与软件相关的指标，并从用户使用的角度分析软件系统需求。

调研国内外现状与发展趋势，一般应包括：现有系统存在的主要问题和差距分析、国内现有系统的现状分析、国外同类系统的现状和发展趋势分析。

根据系统的特点以及完成任务的需要，在考虑使用环境等约束条件下，分析系统各任务剖面下的软件功能，提出对软件的定性要求和定量指标。

根据系统的测试操控需求，分析如何通过软件系统的支持，使用户不用任何思考或者只用较少思考就能方便地完成对系统的操控和使用。例如，采用基于箭地一体化同步计算的飞行数据实时判读及试验报告自动生成系统，大大提高了飞行数据判读的效率和可视化程度，简化了试验操作，减少了实验室和靶场保障人员的工作量。

2.2.3　明确初步方案

根据软件系统任务分析的结果，提出软件系统的初步方案，这个阶段主要进行系统级信息流、控制流分析。明确软件系统实现的主要功能和性能，软件系统内部的基本构成和相互关系，以及与其他相关系统间的接口关系，用信息流图的方式描述系统内外部传输的各类信息的类型和流向。明确在不同任务剖面或者不同的操控模式下，软件系统的实时执行过程，包括内部各部分以及与外部相关系统之间的交互过程。

2.2.4　实现可行性分析

实现可行性分析主要有三个方面。

其一，识别出对实现软件系统功能、性能起决定性作用的软件关键技术，进行技术可行性分析。

其二，参照有关规定和历史经验，根据软件研制工作的内容、难易程度、技术成熟度以及现有研制生产能力，对研制周期与进度进行安排，对研制进度可行性进行分析。

其三，通过对全生命周期费用的预测，综合考虑经济可承受性，进行经济可行性分析。提出软件研制需要的相关保障条件，例如，软件研制全生命周期过程中需要的需求分析工具、过程管理平台、配置管理平台、开发环境、仿真测试环境，以及场地、人员等资源保障。

2.3　软件系统分析

软件系统分析是将一个系统分解成各个组成部分，目的是研究各个部分如何工作、如何交互，以实现其系统目标。软件系统分析的任务不是具体地解决问题，而是确定"为了解决这个问题，目标系统必须做什么"，主要是确定目标系统必须具备哪些功能。

运载火箭软件系统是一个复杂的软件系统，对其进行分析的目的是控制系统复杂性。分解和抽象是控制复杂性的两种基本手段，软件系统分析采用自顶向下逐层分解的方法，对于一个复杂的问题，很难一下子考虑清楚问题的所有方面和全部细节。通常可以把一个大问题分解成若干个小问题，每个小问题再分解成若干个更小的问题，经过逐层分解，每个最底层的问题都是足够简单、容易解决的，于是复杂的问题也就迎刃而解了。而抽象则要求人们将注意力集中在某一层次上考虑问题，暂时隐藏或忽略那些低层次的细节。在软件系统分析这个最高级别抽象层面上，使用面向问题域的语言描述"问题"，概括"问题解"的形式。而后在系统设计和软件设计层面，不断具体化，不断用面向过程的语言描述问题，最后在软件实现这个最低抽象层面上给出可直接实现的"问题解"。

运载火箭系统在软件系统分析时，采用抽象化和层次化的方法，依据工程总体下达给系统的任务要求，在最高级别抽象层面上开展功能、性能、接口、数据需求以及其他约束条件的分析。

2.3.1　功能需求分析

软件系统的功能需求分析从运载火箭系统任务剖面分析入手，围绕运载火箭在测试、转运、加注、发射流程控制、飞行控制等不同任务剖面下，分析系统及分（子）系统的功能需求，逐步细化、逐层分解工程总体对运载火箭系统的任务要求。

运载火箭软件系统从功能需求的划分上，一般包括控制、测量、动力测控、总控网、发射支持及附加系统 6 部分。分系统的具体功能需求需要结合工程总体任务要求、火箭拓扑结构以及各分系统专业传统分工进行分析。如箭上统一供配电对控制系统和测量系统的供配电体制产生影响，统一测发控则对控制系统和总控网系统的测发控功能分配产生影响，传感器数据是否共享影响各分系统采样数据、遥测数据流的规划。

以下是载人航天运载火箭软件系统的功能需求描述示例。

1）控制分系统软件功能需求：在运载火箭发射前主要功能是完成控制系统的供配电控制，各类参数监视、检测和判读、发射流程控制；在飞行过程中主要功能是导航、制导、姿态控制等。

2）测量分系统软件功能需求：在运载火箭发射前主要功能是完成箭上数据的采集编码传输、供配电及测控、附加参数监测以及数据的处理分发任务；在飞行过程中完成运载火箭的遥测数据获取、安全控制和图像测量等任务，完成飞行遥测数据的实时监测和事后处理。

3）动力测控分系统软件功能需求：主要完成对动力系统电磁阀的时序控制，进行贮箱射前增压控制，完成测试状态和测试数据显示、加注系统的指挥控制。

4）总控网分系统软件功能需求：为地面测发控系统提供硬件网络通信平台，负责对火箭各测试阶段的所有分系统测试情况进行综合监视，指挥测试进程，传递运载火箭及地面设备的测试数据。

5）发射支持分系统软件功能需求：在发射准备阶段，完成垂直转场控制，完成发射平台支臂以及摆杆的动作控制；在发射阶段，主要完成喷水动作控制。

6）附加分系统软件功能需求：完成整流罩环境监测、包带应力监测、加注计算、垂调测试等功能。

2.3.2　性能需求分析

分析工程总体对运载火箭系统及其各分系统的性能指标、精度要求，识别与软件系统相关的指标，例如任务响应时间、飞行时序输出精度、系统连续不间断的运行时间、数据吞吐量、数据处理能力等。

性能需求一般来说会影响软件功能需求。例如，载人航天工程总体执行交会对接任务时，提出零窗口发射的要求，即测发控系统需要分秒不差地在指定发射时间进行点火控制，为此，需要增加精确授时点火控制设备，以完成相应功能。

性能需求还可能对软件系统方案产生决定性的影响。例如，当任务复杂度及响应时间要求提高，原有计算平台无法满足现有任务的要求时，需要采用更新更快的计算平台，这将对软件的开发、测试产生很大的影响。这些影响需要在软件系统分析阶段进行充分辨识，必要时还需进行仿真计算，为方案选型及设计提供准确的依据。

2.3.3　接口需求分析

分析运载火箭系统与外系统（如船箭间）的输入、输出接口需求，分析运载火箭各分系统之间的接口。例如：

运载火箭系统与飞船系统之间采用直接电缆连接，火箭系统与发射场通信指挥系统（C³I）采用网络接口连接，与测控中心采用无线遥测通信接口进行连接。

运载火箭各分系统之间使用 1553B 总线、RS - 422、RS - 485、以太网、直连电缆等接口。需分析各通信接口传输带宽、实时性是否满足任务要求，传输误码率、抗干扰能力是否满足可靠性设计要求。

2.3.4　数据需求分析

分析运载火箭系统与外系统（如船箭间）的输入、输出数据需求，分析运载火箭各分系统之间传递的数据需求。例如：

运载火箭系统与飞船系统之间传递起飞、整流罩分离、载荷分离、逃逸开关量数据，与发射场通信指挥系统（C³I）传递射前监测参数。

运载火箭各分系统之间传递测量数据、控制指令、状态信号、进程信息、测试信息、对时信息等数据。

通过数据流和控制流分析描述运载火箭系统与外系统、火箭各分系统之间的输入、输出数据需求，包括数据的产生、传递和存储。根据数据使用特性分析数据存储节点需求，根据数据规模大小、实时性要求分析数据存储模式需求。

2.3.5　其他约束条件分析

分析其他约束条件对运载火箭软件系统的要求。例如，为满足自主可控要求，工程总体要求采用国产化的处理器和操作系统，以及经过安全性验证的编译器和开发环境。为达成地面设备软件人机界面的统一，要求运载火箭各分系统地面软件采用统一风格的界面。

2.4　软件系统设计[8]

软件系统分析解决的是"做什么"的问题，系统设计则是解决"怎么做"的问题。对于系统分析来说，系统设计是一种互补的问题解决技术，它将系统的组成部分重新装配成一个完整系统。

全箭的软件系统分析与设计和软件分系统分析与设计工作最重要的内容是进行软件系统的架构设计，目标是确定系统内各组成部分的功能划分、接口关系、拓扑结构、冗余关系、时序关系。全箭的软件系统架构设计与软件分系统架构设计的方法是相同的，其主要区别在于全箭的软件系统架构设计的最小组成单元是软件分系统，软件分系统架构设计的最小组成单元是软件配置项。

2.4.1　什么是架构设计

简单来说，架构设计就是一个系统的草图，描述了构成系统的抽象组件，以及各个组件之间是如何进行通信以及相互作用的。[16]

大卫•加朗（David Garlan）和玛丽•肖（Mary Shaw）认为软件架构师应对如下问题进行设计："在计算的算法和数据结构之外，设计并确定系统整体结构，结构问题包括总体组织结构和全局控制结构；通信、同步和数据访问的协议；设计元素功能分配；物理分布；设计元素的组成；定标与性能；备选设计的选择。"[15]

区分架构和结构时，需要明确的是：架构不是结构。电气和电子工程师协会（IEEE）把架构定义为"系统在其环境中的最高层概念"，架构还包括系统完整性、经济约束条件、审美需求和样式等。在统一软件过程（Rational Unified Process）中对软件架构的解释为：软件架构指系统重要构件的组织或结构，这些重要的构件通过接口与其他构件进行交互。

总体来说，软件架构是对软件从整体到部分的描述；从开发到运行，再到后期扩展的描述；从性能和安全可靠性角度进行的描述。

以一个信息系统为例，在系统设计阶段需要考虑以下问题：

1）在开发之初的逻辑设计阶段要确定系统如何开发，是将整个系统融合为一个系统开发，还是从业务角度将系统拆分为几个独立的子系统。

2）在即将进入开发的时候关注数据是如何持久化的，数据库选型，以及非数据库文件的存储格式等方案的确定。

3）在开发过程中要关注如何保证开发质量，如何分层，代码可扩展性如何，使用的设计模式依赖了哪些框架，开发语言等。

4）开发完成之后系统进入运行阶段，在架构设计时，要想保证运行期间的质量属性、性能、可伸展性等，主要是靠系统运行进程的划分，以及进程之间通过线程的通信。

5）如果系统并非是单机运行，还需考虑系统的物理部署。系统部署在哪个服务器上，服务器配置性能是否胜任系统的运行，操作系统选型及系统部署的网络拓扑图如何，以及保证数据安全的数据备份怎样设计。

以上 5 个问题是从 5 个角度来确定系统架构以及架构设计需要解决的问题。软件架构要涵盖的内容和决策如此之多，超过了人脑的能力范围，因而使用"分而治之"的设计方式，借助逻辑架构、物理架构、运行架构、开发架构以及数据架构从不同角度表达复杂软件系统的组成以及运行方式。同时，也为软件架构的理解、交流和归档提供了方便。一个典型的基于五视图描述的架构设计如图 2-1 所示。

从图 2-1 里可以清楚地看出架构设计五视图中各个角度需要解决的问题。通常，对于各种架构有如下的描述：

1）逻辑架构：逻辑架构关注的是功能需求，包含用户可见的功能，还有系统中隐含的功能。更加通俗地讲，逻辑架构更偏向我们日常所理解的逻辑层（"分层"，把一个项目分为"表示层、业务逻辑层、数据访问层"这样经典的三层架构）。

2）开发架构：开发架构的目的是确定程序单元以及程序单元的组织结构；其中程序单元包括源程序文件、配置文件、源程序包、现成框架、目标单元；程序单元组织结构包括项目划分、项目目录结构、编译依赖关系。

3）运行架构：运行架构更关注的是应用程序运行中可能出现的一些问题。如并发带来的问题，比较常见的"线程同步"问题、死锁问题、对象创建和销毁（生命周期管理）问题等。例如，开发架构更关注的是飞机起飞前的一些准备工作（在静止状态下就能规划好、做好的），而运行架构更多考虑的是飞机起飞之后可能发生的一些问题。

4）物理架构：物理架构确定物理节点和物理节点的拓扑结构，更关注系统、网络、服务器等基础设施。例如，如何通过服务器部署和配置网络环境，来实现应用程序的"可伸缩性、高可用性"。

5）数据架构：数据架构更关注的是数据持久化和存储层面的问题，也可能会包括数据的传递、复制、同步等问题。更确切地讲，数据架构关注如何选择需要的关系型数据库、流行的非关系型数据库（NoSQL），如何保障数据存储层面的性能、高可用性、备份等。很多时候，数据架构和物理架构是有紧密联系的，但它更关注数据存储层面的问题，物理架构更关注基础设施部署层面的问题。

在实际设计过程中，很少有系统是严格按照这 5 种视图去分工和设计的。根据应用特性的不同，软件系统关注的侧重点可能不同。例如，某些门户类的互联网应用，读多写少而且业务相对比较简单，他们更加关注"高性能、可伸缩性、可用性"等方面。对于更加复杂的应用（如电商类大规模交易型的应用），对每个层面和每个环节都会比较关注。

载人航天运载火箭软件系统构成复杂、软件数量众多，部分软件实时性要求高、相互之间协作紧密；而部分软件无实时性要求、运行相对独立。在软件系统中，算法密集型、接口通信类、流程控制类、界面显示类、数据存储类等软件类型占比较大。借鉴五视图设计方法，针对载人航天运载火箭软件系统的特点，其架构设计主要考虑以下几个方面的问题，设计方法示意图如图 2-2 所示。

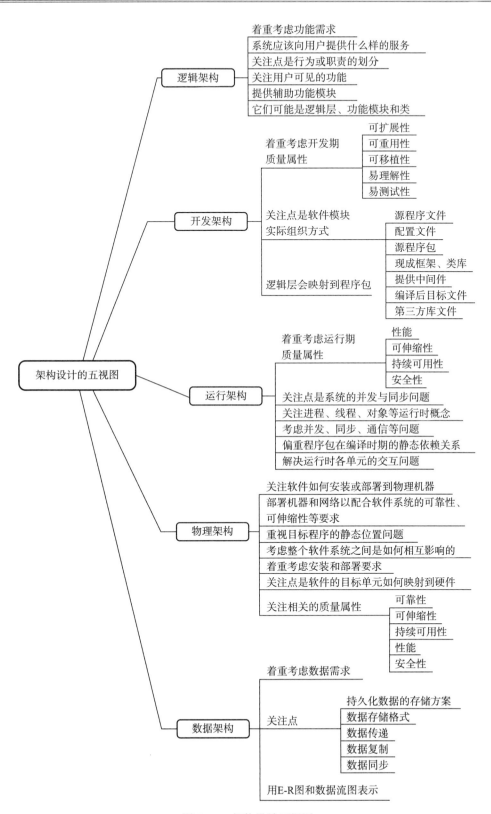

图 2-1　架构设计五视图

　　1）逻辑架构视图设计的主要目的是针对软件系统进行职责划分以及接口规划，确定并规范各功能实体之间的协作机制。

　　2）物理架构视图设计的主要目的是确定复杂系统内的物理节点（计算机单元、软件安装、部署、烧写以及系统软件选型）以及它们之间的拓扑关系（连接方式、物理链路、冗余方案）。

　　3）开发架构视图设计的主要目的是确定并统一复杂软件系统内各软件配置项的开发环境、测试环境、运行环境等，形成型号的软件产品树；并进一步规范部分管理要求，如测试要求、配置管理要求、设备选型要求等。

　　4）运行架构视图设计的主要目的是确定复杂软件系统内各软件的时序事件及场景，包括事件发出方、发出时刻、事件处理方、处理方式等。

　　5）数据架构视图设计的主要目的是确定并统一软件系统内各数据的存储、传递、生成方案，以及数据的存储、备份、浏览、判读方案。

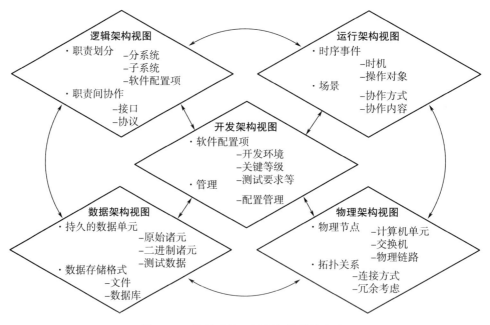

图 2-2　软件系统五视图架构设计方法

2.4.2　逻辑架构设计

　　依据型号任务要求和型号软件系统分析，确定各分系统软件承担的功能以及相互间的接口关系和接口协议。具体要求如下：

　　（1）功能划分

　　1）分析总体任务要求，开展系统功能的需求分解和归类，确定各分系统软件承担的功能；在分系统设计阶段，划分软硬件之间、软件配置项之间的功能，确定各软件配置项的功能。

2）进行软件系统的可扩展、可移植性设计，以适应后续软件系统功能及软件运行环境的变化。

（2）接口规划

1）分析总体任务要求，进行分系统软件系统间以及分系统各配置项之间的接口设计，确定相互之间接口通信的介质、内容、方式、格式、负载分配、可靠性以及错误处理要求。

2）各分系统软件系统间的接口协议应文档化，必要时可以形成整个型号的接口控制文件。各分系统应形成配置项之间的接口设计说明。

2.4.2.1　功能划分

在进行软件系统功能划分时，软件系统架构设计人员应根据以下内容进行权衡，确保软件系统各组成单元工作协调、负载均衡、运行稳定且可靠。

1）确保每个软件配置项功能的独立性，避免因功能累叠造成软件逻辑复杂、负载饱和；

2）提高软件系统的可扩展、可移植性，容忍后续软件系统功能的变更、增加，了解软件运行环境的变化情况；

3）确保软件系统各组成单元的性能指标满足系统要求，留有足够的余量，容忍后续功能增加消耗的时间、内存等性能指标；

4）提高软件系统的容错性，能够处理通信异常、输入信号干扰、非法输入等异常情况；

5）确保在工程实现上简单易行，降低逻辑复杂性，确保软件实现可行、有效。

表 2-1 给出了某型号运载火箭地面测发控系统软件的功能划分示例。在早期系统设计时，对于测发控系统与总控网系统的通信主机，究竟是由主控计算机程序还是由数据处理计算机程序来承担，存在一定的分歧。主控计算机程序是测发控的核心，测试数据、流程控制信息均在主控计算机上完成，若由其完成与总控网系统的数据交换功能，则数据整理最方便。经过对网络拓扑结构和通信负载率的分析，以及对主控计算机程序流程控制安全性的考虑，最终决定在数据处理计算机程序这个网络节点上完成与总控网的通信功能。在运载火箭发射前，若总控网系统或数据处理计算程序出现问题，不会影响主控计算机程序继续完成发射流程控制任务。

表 2-1　地面测发控系统软件功能划分示例

序号	软件名称	承担主要功能
1	主控计算机程序	1）完成整个测发控系统流程的控制与测试； 2）通过数据处理计算机与总控网系统等进行交互，完成相应的测试功能； 3）通过箭地通信计算机完成与飞行程序的交互； …

续表

序号	软件名称	承担主要功能
2	数据处理计算机程序	1）将测试数据及状态信息存储并显示； 2）将测试数据通过网络送到总控网系统并负责总控网系统与主控计算机之间流程控制指令的转发
3	箭地通信计算机程序	1）接受主控计算机的控制，与箭机进行通信，完成飞行程序装定； 2）将箭上1553B总线数据发送到数据处理计算机； …
4	…	…

2.4.2.2　接口设计

在逻辑架构视图设计中，还需要根据划分的软件系统组成单元进行软件系统接口规划，明确软件分系统和配置项之间的数据流和控制流，制定各类接口通信的协议，接口设计包括以下内容：

1）软件接口需求分析，确定软件分系统和配置项之间的数据流、控制流，软件配置项之间的接口通信内容、方式，错误处理要求，负载分配要求，实时性要求，接口时序关系；确定软件配置项与硬件之间的接口通信内容和方式，接口的容错要求，时间特性要求，时序特性要求，接口信号滤波要求。

2）接口通信负载分配设计，通信传输负载分配时须根据总线传输能力、传输数据量及其实时性要求进行合理安排，在保证实时性要求的前提下尽量使传输负载均衡。

3）接口协议帧格式设计，一般应包括帧头、帧尾、数据长度、校验码等部分。帧格式的制定要便于解帧、组帧和确保信息正确，一般信息可以采用累加和校验、奇偶校验方式，对于关键信息应采用循环冗余（CRC）校验或更严格的校验方式。

4）接口协议描述格式的设计，包括协议帧格式、信源、信宿、信息单元标识、信息单元名称、数据元素说明、发起时机、使用协议方式、通信周期。

5）接口协议容错性设计，接口协议应规定异常处理机制，包括出错重发、超时处理、错误数据处理等措施。

6）接口协议可靠性设计，对关键信息应进行合理性判别；对于关键信息，采用分帧传输时，除保证帧顺序、帧数据正确外，应对所有接收到的数据帧组装后再次进行校验或者回传后进行确认。

运载火箭各分系统之间的软件信息流涉及信息流传递方向、系统间接口形式、接口信息分类及接口信息详情，表2-2给出了示例。

表 2 - 2 运载火箭各分系统之间软件信息流

序号	信息流传递方向	系统间接口形式	接口信息分类	接口信息详情
1		1553B 通信	控制指令	时间同步命令
2			测量数据	箭载计算机遥测计算机字
3			…	…
4	控制系统箭上→测量系统箭上	RS-422 通信	控制指令	导航接收机辅助定位信息
5		连接电缆	测量数据	光纤惯组温度、脉冲原始数据
6			状态信号	点火、起飞、耗尽关机、紧急关机等开关量
7			…	…
8	总控网后端→控制后端、测量后端、动力测控后端、发射支持后端	网络	控制指令	指挥口令
9	…	…	…	…

配置项信息流的示意如图 2 - 3 所示，这里给出了控制系统箭上和地面软件之间传递的信息流示意。

软件配置项间的接口使用接口数据单的形式进行描述，便于管理和追溯。表 2 - 3 是配置项间接口数据单的示例。

表 2 - 3 接口数据单中定义的接口标识可参考表 2 - 4 进一步详细描述。

2.4.3 物理架构设计

依据总体任务要求以及各分系统软件系统的功能，确定各分系统软件系统间的连接关系和物理链路。软件系统的物理架构设计借助物理架构设计视图进行，主要内容如下：

1) 根据逻辑视图中的功能划分确定组成软件系统的各逻辑单元，各逻辑单元应该是能够独立运行的最小软件单元，而不应该是多个软件单元的集合或者冗余的软件集合。

2) 确定各逻辑单元的物理连接链路，如 1553B 总线、串行通信总线、双口随机存取存储器（RAM）、网络等通信链路，明确链路的冗余方式、单向通信、双向通信、单工通信、双工通信、半双工通信的方式。

3) 确定逻辑单元的冗余关系，包括软件热备份设计、三冗余设计、备份软件切换设计。热备份工作的软件需要确保备份软件不影响主机软件工作，主机软件失效后备份软件能够替换工作；三冗余软件设计需要确保信号、数据输入的一致与同步，输出数据、控制指令的同步以及一致性；备份软件切换方案应确保系统能够及时发现被切换软件的故障，并进行有效切换。

4) 通过软件系统结构图的形式描述软件系统。可以借助物理架构设计视图进行描述，不同的图标表示不同的逻辑单元、通信链路；相同的逻辑单元、通信链路应该通过相同的图标表示。图 2 - 4 是某型号地面测发控系统物理架构示意图。

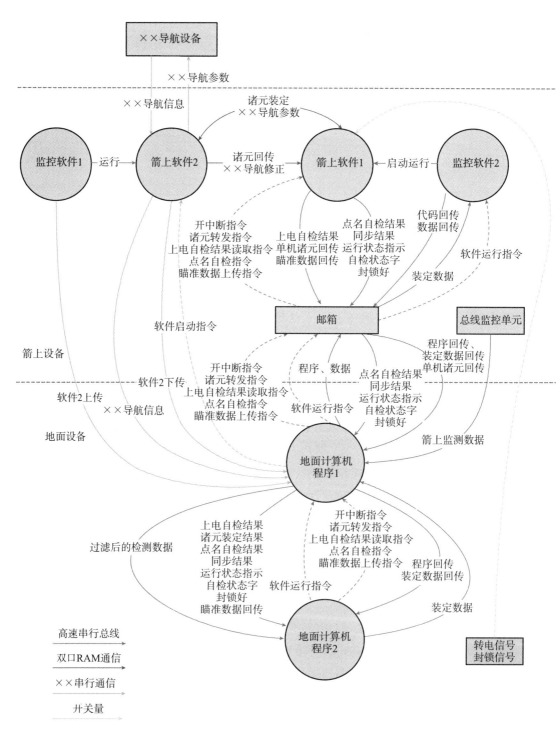

图 2 - 3　配置项信息流示意图（见彩插）

表 2-3　配置项间接口数据单示例

<table>
<tr><td rowspan="4">××</td><td>文件编号</td><td>FXCTRL _ LIMU</td><td colspan="4">第×页，共×页</td></tr>
<tr><td>分系统名称</td><td>控制系统</td><td colspan="2">阶段标记</td><td colspan="2">C</td></tr>
<tr><td>配置项 1 名称</td><td>控制软件 1</td><td>代号</td><td>×××</td><td>研制单位</td><td>××所</td></tr>
<tr><td>配置项 2 名称</td><td>控制软件 2</td><td>代号</td><td>×××</td><td>研制单位</td><td>××所</td></tr>
<tr><td>序号</td><td colspan="2">接口标识</td><td>接口名称</td><td colspan="2">接口类 型</td><td>软件接口数据单子单号</td></tr>
<tr><td>1</td><td colspan="2">LIMU _ PLUS _ DATA</td><td>采样数据</td><td colspan="2">1553B 总 线</td><td>FXCTRL _ LIMU _ 1</td></tr>
<tr><td>2</td><td colspan="2">LIMU _ YC _ DATA</td><td>遥测数据</td><td colspan="2">1553B 总 线</td><td>FXCTRL _ LIMU _ 2</td></tr>
<tr><td>3</td><td colspan="2">LIMU _ TLBD _ DATA</td><td>标定系数 1</td><td colspan="2">1553B 总 线</td><td>FXCTRL _ LIMU _ 3</td></tr>
<tr><td>4</td><td colspan="2">LIMU _ GBD _ DATA</td><td>标定系数 2</td><td colspan="2">1553B 总 线</td><td>FXCTRL _ LIMU _ 4</td></tr>
<tr><td>备注</td><td colspan="6"></td></tr>
<tr><td>标记</td><td colspan="2"></td><td>更改单号</td><td colspan="3"></td></tr>
<tr><td>编写</td><td colspan="2"></td><td>日期</td><td colspan="3"></td></tr>
<tr><td>会签</td><td colspan="2"></td><td>日期</td><td colspan="3"></td></tr>
<tr><td>批准</td><td colspan="2"></td><td>日期</td><td colspan="3"></td></tr>
</table>

注：1）接口为每个软件配置项之间的接口；
　　2）接口标识应唯一；
　　3）接口类型一般包括：I/O 口、串行总线接口、1553B 总线接口、CAN 总线、以太网等；
　　4）软件接口数据单的子单号为针对每个接口进行详细说明的数据单号。

表 2-4　1553B 总线通信接口描述形式

<table>
<tr><td colspan="2">接口名称</td><td colspan="2">采样数据</td><td>接口标识</td><td colspan="2">LIMU _ PLUS _ DATA</td></tr>
<tr><td colspan="2">信源、信宿</td><td colspan="5">RT20 - SA1 - 15→BC</td></tr>
<tr><td colspan="2">传输周期</td><td colspan="2">T /ms</td><td>其他</td><td colspan="2">内部刷新周期为 t /ms</td></tr>
<tr><td colspan="2">发起时机</td><td colspan="2">从控制周期的起点开始录取采样数据</td><td>错误处理</td><td colspan="2">RT20 无响应，或 1553B 通信错误进行重试。
校验和不正确直接抛弃</td></tr>
<tr><td>序号</td><td>内容</td><td>类型</td><td>值域</td><td>数据处理方法</td><td>单位</td><td>备注</td></tr>
<tr><td>1</td><td>时间低字</td><td rowspan="2">32 位整形数</td><td rowspan="2">—</td><td rowspan="2">时间高字和时间低字合并起来按整形数转换，LSB = 1 ms</td><td rowspan="2">ms</td><td rowspan="2">接收到时间同步命令后，从零开始计时</td></tr>
<tr><td>2</td><td>时间高字</td></tr>
<tr><td>3</td><td>+Nwx1</td><td>16 位整形数</td><td>[0，65 535]</td><td>计算每周期的脉冲增量，溢出后从 0 计</td><td>P</td><td>加速度表输出正脉冲累加量 1</td></tr>
<tr><td>n</td><td>…</td><td>…</td><td>…</td><td>…</td><td>…</td><td>…</td></tr>
</table>

续表

序号	内容	类型	值域	数据处理方法	单位	备注
m	CRC 校验码	16 位整形数	[0, 65 535]	CRC-16 校验和，每个消息数据字按照先低 8 位后高 8 位的顺序校验	—	1-14 字的校验和

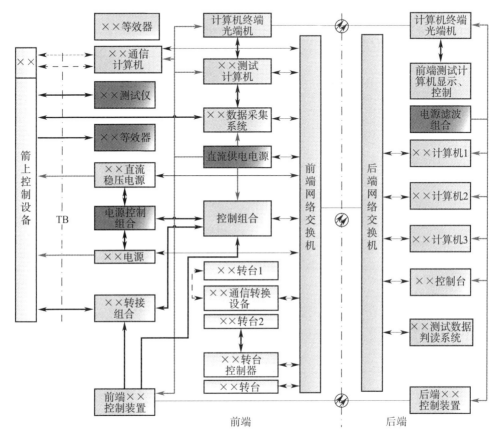

图例：⬜ 供电线路　—— 网络通信线　▭ 连接电缆　⚡ 光纤　⌇ 高速总线　⌐ ×× 通信接口

图 2-4　某型号地面测发控系统物理架构示意图（见彩插）

2.4.4　开发架构设计

软件开发架构设计的要求一般如下：

（1）提出型号软件统一化要求

依据总体任务要求，确定关于处理器、操作系统、编译器、数据库、测试验证、人机界面、接口格式、软件杀毒等方面的要求，必要时形成型号软件统一化要求（格式参考附录 C）。

（2）软件配套表

提出软件系统配套表的框架（格式参考附录 E），完成各分系统软件系统设计后，根据其设计结果在框架中补充相应的软件产品配套情况，形成型号的软件配套表。

软件系统开发架构视图设计的主要目的是：1）确保各软件配置项使用成熟、可靠的软件开发环境和硬件运行平台等。2）描述各软件配置项的相关信息，包括软件功能、安全关键等级、规模、严酷度、研制类别等。

其设计的主要内容如下：

1）确定软件配置项的功能、开发环境、硬件运行平台、测试环境、测试要求、配置管理、规模大小、软件研制类别等内容。对于硬件运行平台、软件开发环境、测试环境等应该进行统一考虑，并列举能够支持实现软件功能的多种选择，以便后续在各软件配置项间进行选择和统一。

硬件资源选型：主要包括处理器选型和功能、性能资源需求。处理器选型应依据系统要求，考虑处理器功能、性能、精度、可靠性、开发工具支持及开发效率、技术继承性等要求，同时还应考虑产品渠道、产品成熟度、开发风险、国防安全等因素，尽量在货架和通用产品范围内进行选择；优先选用成熟度高、抗辐照能力强的处理器以及验证充分、有源代码的编译器；硬件资源需求包括：程序数据空间、通信接收缓冲大小、中断、查询方式、处理器与处理器之间的通信方式、硬件冗余设计等。选择硬件运行平台，除了需要保证硬件平台的处理能力、内存容量、浮点数据的精度等能够满足系统对软件的功能、性能要求，还要留用足够的余量，以便后续应对软件计算功能的增加。

软件资源选型：包括操作系统、编程语言、编译器、开发工具、数据库等。软件资源选型决定了系统功能、性能要求，同时也与开发效率、开发成本密切相关。一般要求如下：

a）操作系统选型应综合考虑系统应用场合，对实时性、可靠性的要求，考虑系统的复杂性、开发成本、技术继承性、现有基础等因素。

b）编程语言的选择应考虑所用的处理器和操作系统，进而确定编程语言。

c）编译器的选择应考虑编译功能、性能、使用限制，同时应考虑编译器成熟度，开源编译器尤其应考虑是否进行测试、验证；对编译器进行验证，测试其对开发语言词法、语法、语义规则、编译选项支持的正确性分析；对功能、性能、标准符合度、支持处理器指令集组合的正确性和全面性进行验证；检查是否存在恶意代码，并找出其触发方式。对于有源代码的编译器，应该按软件关键等级（至少为 B 级的软件）测试要求进行测试。

d）开发工具包括集成开发环境和测试工具，应考虑工具是否成熟稳定、工具的掌握程度，考虑可使用的资源是否丰富。应做到统一开发工具。

e）数据库选型应考虑数据存储能力、管理能力（查询、备份、日常管理）、安全需求及价格因素。

f）根据软件测试要求确定可能需要的软件测试工具。

2）通过对软件配置项进行初步的危险分析，确定软件配置项的潜在危险及其严重等级、发生的可能性、风险指标、配置项的控制类别，并根据上述分析确定软件的安全关键等级。

2.4.5 运行架构设计

运行架构设计主要包括时序设计和确定性能指标。

（1）时序设计

1）在全系统层面，依据总体任务要求，明确型号软件系统的工作模式，确定各工作模式下任务剖面及规划各任务剖面下的时序，包括时序发生的时机、时序持续的时段以及不同任务剖面间的切换时机等；

2）在分系统层面，要根据系统运行的时间轴，找出时间轴上各个节点的时序，确定影响软件系统运行状态的时序点，进而确定时序的发出方、接收方、发送条件，以及各软件配置项之间的协作方式、内容、备保措施、异常处理要求。

（2）确定性能指标

依据总体任务要求，以及各分系统软件系统所承担的功能，对响应时间、数据吞吐量、数据处理能力等约束条件进行整体考虑，提出各分系统软件系统的性能指标，并预留一定的余量。

运行架构视图设计按照"逐步求精""分而治之"的原则分层进行设计，全系统层面的时序设计根据不同任务剖面，以时间轴来描述各种时序点；分系统层面的时序图应该在系统时序图的基础上，进行时序事件链分析，逐层进行细化，直至每个软件配置项。如图2-5所示是某型号地面测发控系统发射流程时序示意图。在图中，最下面一行是时序主线，列出了各地面软件在时序链节点上的关键动作。也可以用表格的形式进行时序链事件分析，表2-5是各个节点的时序分析示例表。

时序图的优点在于它可以直观展示各个时间节点上相关软件的交互关系以及各软件动作的先后顺序，而时序表则更注重描述时序动作的细节、可靠性保障和预案措施，两种描述方式互为补充。

2.4.6 数据架构设计

数据架构设计要根据总体任务要求以及数据存储的容量、实时性限制等要求进行，包括：数据交互、数据存储、数据浏览及数据判读。具体设计内容如下：

（1）数据交互

数据交互是进行总体与各分系统之间的软硬件交互设计、分系统内部软硬件交互设计，一般包括：

1）确定软件配置项间接口的传输介质、通信内容、来源去向、启停时机、发送周期、校验方式、超时时间、重发机制、错误处理等内容；

2）确定软件配置项与硬件之间接口的通信内容、方式、容错要求、时间特性要求、滤波要求等内容；

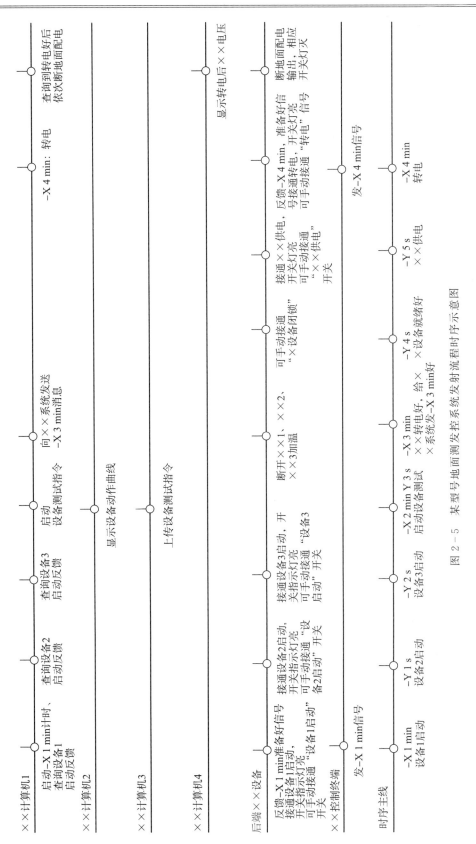

图 2 - 5　某型号地面测发控系统发射流程时序示意图

表 2 - 5　某型号地面测发控系统发射流程各个节点的时序分析示例

时序时间	动作名称	涉及系统	输入	功能实现（包含硬件和软件）		动作不执行产生的后果
				执行动作	输出	
-××min	××动作指令	控制系统、××系统	地面××计算机程序"-××min"准备指挥口令。可靠性措施：××计算机热备份主副机冗余工作。若出现接收××系统指令失败，可执行地面主机切换至副机运行	地面： (1) 动作描述 地面计算机程序1：向箭上发送××动作指令，接收箭上××动作回令。 地面计算机程序2：接收箭上射前测试数据，显示数据曲线，接收××脉冲数据，启动箭上控制指令实时判读程序。 地面上单机程序3：接收箭上射前状态数据，显示箭上射前状态数据，××软件射前自检数据，××1参数，××2传感器数据，××3温度数据，××1电压数据，××4采样信息，××5数据。 (2) 保障措施 信号传输链路为双点双线；对于××通信命令接口设置超时检测与重试机制，可以选择进行重试。 箭上： (1) 动作描述 ××软件：收到地面计算机程序1发送的动作指令，执行××动作，向地面发送动作回令，开始接收××、××、×××等敏感器采样参数，进行××计算，直到××时刻。开始接收箭上控制系统各单机的遥测数据，开始启动遥测计算机计算字的发送，并通过箭地链路发送给地面通信计算机。 (2) 保障措施 若地面未收到箭上动作回令，可通过地面计算机程序1选择重试，或重启单机复位，重新装定程序并再次执行该动作指令	系统：××系统网络信号；系统发送"-××min 准备好"回令	该指令执行失败，需要重新进入人-××min准备指挥控制流程

3）确定软件配置项人机交互设计，包括信息输入、信息输出、软件操作接口、软件界面等设计内容。

（2）数据存储

分析收集的所有数据，根据软件配置项的数据存储要求、计算机的存储容量及处理能力限制，设计每个数据的存储方案，包括：数据存储地点（例如：实时数据服务器和历史数据服务器，数据处理与发布服务器，系统主控计算机、数据处理计算机、箭地通信计算机等设备）、数据存储方式（例如：文本文件、二进制文件、数据库等）、数据存储格式等内容；设计数据备份方案（例如：测试结束后，数据处理计算机自动收集各地面计算机的测试数据，进行存储、备份）。

（3）数据浏览

设计数据浏览方案，主要考虑数据内容、数据浏览形式（例如：控制系统对箭测和地测数据在测试过程中以曲线、数字量、虚拟灯、虚拟电压表、虚拟电流表等进行实时显示的要求）等方面；

（4）数据判读

设计数据判读方案，主要考虑数据判读设备（例如：主控计算机、数据处理计算机、箭地通信计算机等设备各自判读哪些数据）、数据判读方式（例如：实时判读、事后判读、人工判读或自动判读。如图 2－6 所示，测试过程中以表格和曲线的形式对箭上软件的输出结果进行实时自动判读）、数据格式、数据解析要求、数据判读要求、数据判读结果显示及处理要求等方面。

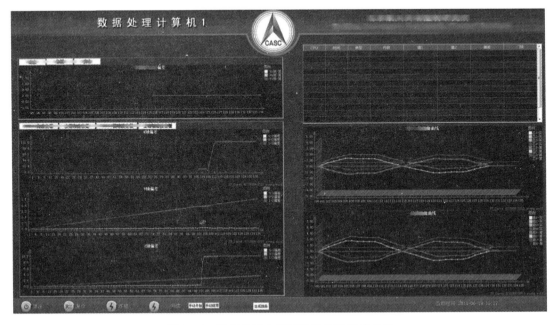

图 2－6　某型号箭上测试数据自动判读界面

2.5　小结

　　载人航天运载火箭软件系统要求在研制的前期开展软件系统方案论证和系统分析工作，针对软件系统复杂异构的特点，采用五视图的架构设计方法，通过逻辑架构、物理架构、开发架构、运行架构、数据架构等不同维度，在系统和分系统层面开展软件系统设计工作。软件系统架构设计要求各组成部分松耦合、高内聚，易于扩展和移植；软件接口协议统一、规范，通信可靠、负载均衡，协议具有容错机制；各分系统相关软件处理器、集成开发环境、操作系统、数据库等统一，界面风格设计一致；通过统一化设计，解决共性问题，使得软件系统设计达到最优。

第3章 载人航天运载火箭软件系统安全性分析与设计

3.1 概述

在航天运载火箭型号中，火箭发射前，软件承担着设备的单元测试、子系统内部的集成测试、子系统间的匹配测试等任务；火箭发射时，软件承担着发射流程控制、供配电控制、相关参数的监测、推进剂加注、发动机点火等任务；火箭飞行过程中，软件承担着导航、制导、姿态控制以及遥测参数测量、传输、处理等任务。因此，如果软件出现问题，可能会导致发射任务推迟、取消、载荷入轨精度差或者不能入轨，甚至威胁到航天员的人身安全。在世界航天发射史上，有多次因软件缺陷导致发射任务取消或者失利的事故发生。

1996年6月4日，阿里安5号运载火箭在库鲁发射场进行首飞任务。倒计时进行芯级发动机推进剂加注，在H0（主低温发动机点火命令）－7 min 前，各项工作一直顺利进行。而在 H0－7 min 时，由于能见度标准不符合发射窗口要求（当地时间08:35），发射推迟。后根据专家预报，能见度条件好转，计划于 H0（当地时间09:33:59，世界时间为12:33:59）开始发射。火神发动机和两个固体助推器正常点火后，火箭发射升空。火箭正常飞行到约 H0＋37 s，突然偏离飞行轨道，随后解体，并发生爆炸。7月23日，欧洲空间局和法国空间局共同发表了阿里安5号运载火箭事故调查报告，该报告由此次事故的调查委员会编制，认定事故产生的直接原因是：惯性制导系统（SRI）软件在执行64位浮点数向16位带符号整数转换的过程中，被转换的浮点数值大于16位带符号整数可表达的值，这段数据转换代码（用 Ada 语言）没有采取防范操作数错误的安全性措施，输出了错误数据；火箭根据收到的错误数据，误认为需要修正拐弯，便执行了急速调整姿态的指令，最终使火箭受到强大的应力而发生爆炸。

2009年8月19日，韩国首枚运载火箭罗老号在距原定发射时间（下午5时）还剩7分56秒时，由于启动运器阀门的高压罐压力过低而取消发射，随即从火箭助推器中泄出燃料和氧化剂。事后，韩国和俄罗斯飞行试验委员会对该问题进行了技术分析，确定产生该问题的原因是由于测量高压罐压力的软件出现了问题。

2017年11月29日上午8点1分，俄罗斯研制的流星－M（Meteor－M）气象卫星搭乘联盟－2.1B火箭，在该国东方港基地发射升空。不久，由于流星－M没有进入指定的轨道，俄罗斯航天局原定与卫星的第一次通信未能建立联系，发射任务失利。根据俄罗斯航天局公布的事故调查分析结果，这次发射失利的原因是：流星－M原计划从哈萨克斯坦的拜科努尔发射场发射，最终在东方港基地发射，由于联盟－2.1B火箭配套软件存在编程错误，导致火箭使用的发射场坐标参数依然是拜科努尔发射场的数据，最终火箭没有进入预定轨道，坠落大西洋。

由于软件缺陷导致航天发射任务失利的事故，警示软件工程师们，软件安全性分析与设计工作至关重要，关系到任务的成败和航天员的人身安全。开展软件安全性分析与设计的目的是通过系统的工作，查找软件存在的薄弱环节，采取有效的措施，提高软件的安全性，确保软件在执行发射任务时万无一失，尽可能减少由于软件缺陷导致的航天事故。

在航天运载火箭型号中，信息化、集成化、智能化程度越来越高，软件已逐渐成为航天型号的重要组成部分，其规模和复杂程度日益增加。型号软件不是由较少的软件配置项简单堆叠组成的简单集合，而是由相互之间耦合关系复杂的大量软件配置项组成的复杂系统。一方面各软件配置项不仅仅要完成自身的功能，还需要在软件系统中与其他软件配置项和硬件协同工作，在安全性方面会遇到更多的问题。另外一方面，以往的软件安全性分析工作的重点是配置项自身的安全性分析与设计工作，对外部系统环境的安全性需求考虑较少。这两方面的矛盾势必会使型号复杂的软件系统的安全性分析与设计工作更加困难，需要采用系统工程的思想，逐层开展软件系统级的安全性分析与设计工作：自顶向下，提出安全性设计需求；自底向上，通过软件配置项的安全性设计、测试和试验验证，形成闭环。

载人航天运载火箭型号软件安全性分析与设计工作，贯穿软件研制过程的每个阶段，在每个阶段，都要逐层开展全型号软件系统安全性分析，分系统软件系统安全性分析，软件配置项安全性需求分析、设计、实现、测试以及系统试验验证，如图3-1所示。通过全型号软件系统安全性分析与设计工作，对各分系统提出安全性验证需求并明确匹配试验，出厂测试中验证环境、试验项目、方法等安全性验证要求；在分系统软件系统分析与设计阶段进行分系统软件系统安全性分析与设计工作，对各软件配置项提出安全性验证需求，并明确分系统综合试验中的安全性验证相关要求；在软件配置项需求分析与设计阶段进行独立的软件安全性需求分析与设计、软件故障树分析（SFTA）以及软件失效模式及影响分析（SFMEA）工作，并明确软件测试中对安全性测试环境的需求；在软件配置项测试、分系统综合试验、匹配试验、出厂测试中对安全性设计进行验证。

在软件生命周期的各阶段，对工作内容、工作产品、验证和确认要求进行安全性活动的追踪。任何对系统安全性有影响的软件，都应纳入软件安全性工作的范围，包括新研软件、沿用软件、更改软件、外购软件（通常包括操作系统、应用程序库或硬件驱动程序）等。针对沿用软件，应分析系统变更带来的影响，必要时重新进行安全性分析；针对更改软件，应分析更改对软件安全性的影响，开展影响域分析；针对外购软件，评价安全性工作是否充分，是否会对系统安全关键功能产生影响。

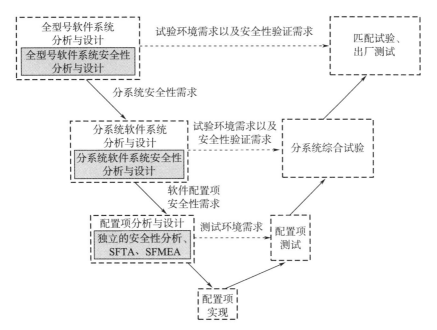

图 3 - 1　载人航天运载火箭型号软件安全性分析与设计过程示意图

3.2　软件系统安全性分析与设计

以往型号软件配置项数目较少，配置项之间、配置项与硬件之间以及子系统之间耦合关系相对简单，在全型号/分系统顶层系统方案设计阶段，仅关注与软件相关的功能、性能需求。

在载人航天运载火箭型号中，一方面火箭可靠性指标高，需要在全型号系统方案设计阶段开展软件系统安全性分析工作。另外一方面，在载人航天空间站工程阶段，承担任务的运载火箭均是新一代中、大型运载火箭，软件的数目多、规模大，复杂程度高，与硬件、系统方案耦合程度高。因此，载人航天运载火箭型号需要在全型号/分系统方案设计阶段开展软件安全性分析工作，包括以下两部分内容：

1）软件初步危险分析（Software Preliminary Hazard Analysis，SPHA）。

2）基于时序事件链的软件系统安全性分析。

3.2.1　软件初步危险分析

在载人航天工程中，工程总体明确了开展软件初步危险分析的要求和方法[4]：1）确定火箭系统的所有潜在危险；2）分析并确定每一种潜在危险的严重等级和发生的可能性；3）确定系统的风险指标；4）确定软件系统中每个软件的控制类别；5）确定软件的等级。通过软件初步危险分析，按照关键程度，将型号配套软件分为 A、B、C、D 级，在后续型号软件的研制过程中，对关键等级为 A、B 级的软件以及进入发射流程的 C 级软件应重点關注，加強、加嚴管理。

根據載人航天運載火箭的特點，在工程實踐中，確定系統所有潛在危險時，應與系統安全性分析同時開展，軟件安全性分析人員參加系統安全性分析工作，將系統潛在危險作為軟件系統級安全性需求的重要輸入來源之一。

在確定每一種潛在危險的嚴重等級時，根據潛在危險發生後，對航天員、運載火箭、發射任務造成的影響，將危險的嚴重等級分為四級：災難性的、嚴重的、輕度的、輕微的。

一般情況下，一種潛在危險發生後，可能造成的結果並不唯一，可能既對任務有影響，又對火箭或者航天員有影響，需要根據潛在危險可能造成的最惡劣情況確定嚴重等級。

確定每一種潛在危險發生的可能性時，危險發生的可能性定義為五級：非常可能、很可能、可能、不太可能、不可能。由於軟件不像其他硬件產品，很難通過危險發生的概率定量確定其發生的可能性，只有在特定條件下才能觸發危險，因此，一般是軟件設計人員根據工程實踐經驗確定危險發生的可能性。

3.2.2　基於時序事件鏈的軟件系統安全性分析

航天運載火箭的測試、發射和飛行控制工作由不同的時序組成，每一時序包括不同的事件，每一事件由不同的軟硬件協同工作，以完成預定的功能。因此，在載人航天運載火箭軟件系統安全性分析工作中，從分析關鍵時序和關鍵事件著手，分析完成每一關鍵事件的參與方、協同工作過程、各種失效模式以及各環節失效後的影響，對失效模式進行防範措施設計，對分系統和軟件配置項提出安全性設計、驗證以及所需試驗環境的要求。

在型號軟件系統分析與設計階段，軟件系統設計人員根據工程總體任務要求、系統初步危險分析以及軟件系統初步分析與設計結果，進行全型號軟件系統安全性分析，包括以下主要工作：關鍵時序分析、關鍵事件分析、失效模式分析、防範措施設計、提出驗證與試驗環境建設要求，最後將分析結果反映在總體下發給各分系統的任務書中，分析流程如圖 3-2 所示。工程總體任務書明確了對軟件系統功能、性能、可靠性、安全性等方面的要求；全型號軟件系統初步分析與設計明確了全型號軟件系統的拓撲結構、分系統組成、各分系統間的主要信息流；系統初步危險分析明確了與軟件系統相關的關鍵時序。

在分系統軟件系統分析與設計階段，軟件分系統設計人員根據分系統任務要求、分系統初步危險分析以及分系統軟件系統初步分析與設計結果，進行分系統軟件系統安全性分析，最終將分析結果反映在分系統下發給各配置項的軟件任務書中，各配置項研製人員根據任務書中的安全性要求，開展相應配置項的安全性分析，分析流程如圖 3-3 所示。其中分系統任務書明確了對分系統軟件系統功能、性能、可靠性、安全性、接口等方面的要求；分系統軟件系統初步分析與設計明確了分系統軟件系統的拓撲結構、軟件配置項的組成、各配置項間的主要信息流；分系統初步危險分析明確了與分系統軟件系統相關的關鍵時序。

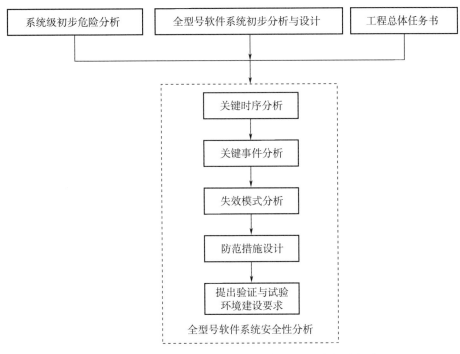

图 3-2　基于时序事件链的全型号软件系统安全性分析流程

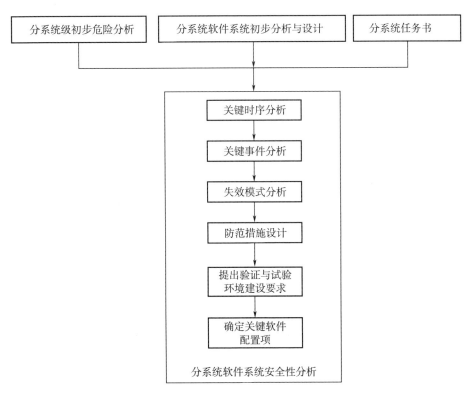

图 3-3　基于时序事件链的分系统软件系统安全性分析流程

对初步危险分析确定的各关键时序进行分析，明确关键时序与软件系统相关的各事件。进行全型号软件系统安全性分析时，主要确定各分系统需要协作完成的事件；进行分系统软件系统安全性分析时，主要确定与本系统各软件配置项相关的事件，包括全型号软件系统安全性分析时确定的与分系统相关的事件，以及分系统内独立完成的事件。图 3-4 为某载人航天运载火箭开展全箭软件系统安全性分析时确定的射前时序分析结果，明确了各分系统需要协作完成的事件。

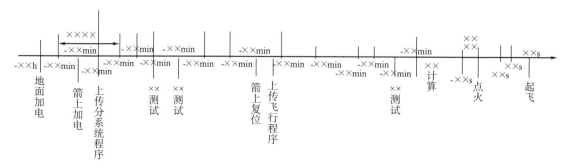

图 3-4　射前时序分析示例

在分析与关键时序相关的事件时，借助泳道图，确定完成事件的过程、涉及的分系统或者软件配置项、接口关系以及协作关系。进行全型号软件系统安全性分析时，参与完成事件的基本单元一般是分系统；进行分系统软件系统安全性分析时，参与完成事件的基本单元一般是各软件配置项。图 3-5 为在空间站工程中，运载火箭开展全型号软件系统安全性分析时，在确定的射前时序中完成某控制事件的过程、参与的分系统、主要的信息流以及接口。

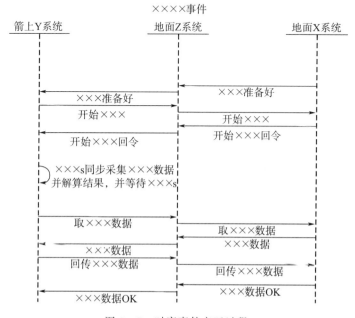

图 3-5　时序事件交互过程

对事件各环节的失效模式及其影响进行分析时，在全型号软件系统安全性分析阶段，一般重点分析软硬件协同工作、各分系统之间接口的失效模式；在进行分系统软件系统安全性分析阶段，一般重点分析硬件环境、接口、软件配置项交互、传输链路、执行机构的失效模式。载人航天运载火箭进行软件系统安全性分析时确定的失效模式示例见表3-1。此外，失效模式分析时还应确定各失效模式的失效等级以及相关分系统或者软件配置项，失效等级的定义见表3-2。一般将失效等级为Ⅰ、Ⅱ类的事件列为关键事件，后续应重点进行防范措施设计以及测试和试验验证工作。

表 3 - 1　失效模式及防范措施示例

失效模式	防范措施
信号源故障	硬件采用冗余设计，软件对采集信号进行冗余决策和备保设计
硬件输入通道故障	硬件采用冗余设计，软件采用错误重试机制
软件宿主机故障	硬件采用冗余设计，软件进行故障诊断、切换与恢复重启设计
输入瞬态干扰故障	硬件采用滤波设计，软件对输入信号和数据进行滤波和有效性判断
硬件输出通道故障	硬件采用冗余设计，软件多次重复输出
接口故障	采用确认、重传以及 CRC 校验机制

表 3 - 2　运载火箭失效等级定义表

失效等级	失效影响	失效可能带来的后果
Ⅰ	灾难性的	火箭误爆炸； 飞行任务失利； 试验环境严重破坏
Ⅱ	严重的	入轨精度达不到预期要求； 未正常获取主要遥测数据； 严重影响发射任务
Ⅲ	轻度的	系统轻度损害； 发射任务受轻度影响
Ⅳ	轻微的	低于Ⅲ级的影响

注：在失效可能带来的后果列出的条款中，若满足其中一条即可定位相应的等级。

针对各类失效模式制定对应的防范措施，除确保防范措施有效、可靠以外，一般还应考虑工程实施的可行性，软件测试和试验验证的可测试性以及适应后续变化的可移植性、可扩展性。载人运载火箭进行软件系统安全性分析时，针对 6 类故障模式设计了防范措施，示例见表3-1。

针对设计的各防范措施提出验证要求时，验证的形式可以是测试、试验和评审；针对软件配置项提出的验证要求，应在配置项研制过程中通过单元测试、组装测试、配置项测试、第三方测试以及分系统综合试验完成；针对分系统软件系统提出的验证要求，应在匹配试验、出厂测试时完成。在系统设计阶段，应考虑验证软件系统安全性设计对验证环境建设的需求，使系统在综合试验、匹配试验、出厂测试时具备验证软件系统安全性设计的条件，如设计能够进行故障注入的等效器。在软件配置项设计阶段，应考虑软件测试环境建设的需求，如注入空间粒子反转故障的测试环境需求。

根据任务要求确定关键软件配置项和非关键软件配置项的划分原则，一般至少应将可能导致发射失利、飞行失利或精度损失的 Ⅰ、Ⅱ 级失效的软件配置项列为关键软件配置项。在进行分系统软件系统安全性分析时，根据分析结果确定关键软件配置项；在验收环节应重点关注关键软件配置项的研制质量以及安全性设计和验证工作。

某载人航天运载火箭按照上述方法开展全箭软件系统安全性分析，梳理了 N 个关键时序、M 个关键事件，发现了 K 个故障模式，制定了 L 项防范措施，确定了 Q 个可能导致火箭发射失利、飞行失利或损失载荷入轨精度的关键软件配置项。在软件配置项研制过程中，将各防范措施落实在软件配置项的设计和实现中。附录 D 给出了型号软件系统安全性分析报告的格式示例。

型号研制前期的顶层软件系统安全性分析，起到了以下作用：

1）分析了系统关键时序中关键事件的失效模式及其影响，确定了每种失效模式的防范措施，明确了系统对分系统以及软件配置项的安全性需求。

2）软件配置项研制人员在完成软件通用的安全性分析与设计工作之外，针对型号软件系统的安全性需求，有针对性地开展安全性分析与设计工作。

3）在型号研制前期确定了软件系统安全性验证需求以及对软件测试、综合试验、匹配试验、出厂测试环境的需求，明确了系统设计要求，使后续软件测试和各类试验有条件开展安全性测试和验证工作。

3.3　软件配置项安全性需求分析与设计

软件系统安全性分析与设计的结果，一般会体现在每个软件配置项的任务书中，而软件设计人员在开展软件配置项级的安全性分析与设计时，可以从以下三方面进行：

1）基于特定需求的软件安全性需求分析与设计。

2）软件故障树分析（SFTA）。

3）软件失效模式及影响分析（SFMEA）。

3.3.1　基于特定需求的软件安全性需求分析与设计

在全型号/分系统软件安全性分析过程中，确定了关键时序中关键事件的失效模式以及失效影响、每种失效模式的防范措施、软件系统安全性验证需求，以及对软件测试、综合试验、匹配试验、出厂测试环境的需求，在软件配置项安全性需求分析阶段，将上述需求进行分解和细化。

在初步危险分析过程中，确定了系统所有潜在危险、危险的控制类别以及软件配置项的安全关键等级。在软件配置项安全性需求分析阶段，重点针对 A、B 级以及进入发射流程的 C 级软件进行安全性需求分析。同时，将潜在危险作为软件配置项安全性需求分析的输入内容之一，进行细化。

在软件系统设计方案和软件任务书中，明确了软件运行的环境、功能、性能等要求，在此基础上进行安全性分析，明确安全关键功能，并提出相关安全性要求。

此外，软件设计人员根据安全性需求分析指南、以往的实践经验以及软件专业知识，梳理出与本软件配置项相关的安全性需求。

在软件配置项安全性需求分析与设计过程中，将系统需求与实践经验紧密结合：系统的安全性需求能够补充实践经验，实践经验能够拓宽系统的安全性需求；实践经验转化为安全性需求需要有系统需求的支撑，系统的安全性需求往往需要借助实践经验进行实现。

载人航天运载火箭软件配置项安全性需求分析与设计主要从以下几个方面开展。

3.3.1.1　软件三冗余分析与设计

为了提高系统的可靠性，新一代载人航天运载火箭普遍采用了三冗余设计。这种方式一方面提高了系统的可靠性，另一方面增加了软件设计的复杂性，容易降低软件的可靠性和安全性。因此，只有提高软件三冗余设计的可靠性和安全性，才能真正提高系统的安全性和可靠性。

软件三冗余一般有两种模式，一种是紧耦合模式，一种是松耦合模式。紧耦合模式的三冗余软件普遍有同步的需求、输出表决的需求。松耦合模式的三冗余软件不需要进行同步，但一般要求进行输出表决。

紧耦合模式三冗余软件之间的同步，包括软件初始化同步、信号输入同步、输出数据三冗余表决[14]。

（1）软件初始化同步

三冗余软件分别运行在相同的三台计算机上，存在上电顺序、上电过程的不确定性。同时，软件运行在不同的 CPU 上，使得三冗余软件运行不会完全同步。因此，可能会导致在计算周期 N，三冗余软件中的一个软件开始计时，进行周期为 S 的周期性控制，而三冗余软件中的其他两个软件由于已经错过了本周期 N 的周期性控制信号 S，需要在计算机周期 $N+1$ 开始计时，进行周期为 S 的周期性控制。这样三冗余软件出现了计时不一致，由于每个周期性输入的控制信号不同，可能导致三冗余软件每周期的控制输出不同。因此需要分析，三冗余软件是否需要同步完成初始化，初始化过程中是否有同步时序需求，是否需要同步进行周期性控制，如图 3-6 所示。

针对上述情况，可以采用延时等待策略进行同步，即运行较快的软件延时等待运行较慢的软件，以达到同步运行的目的。在延时等待的过程中，运行较快的软件实时查询运行较慢软件的状态，一旦较慢软件获知其他两个较快软件已经初始化好，则借助硬件 S 周期性控制信号进行计时，进入周期运算。

如图 3-7 所示，在第 N 周期，三冗余软件 2 已经完成初始化，但是，由于其未获得

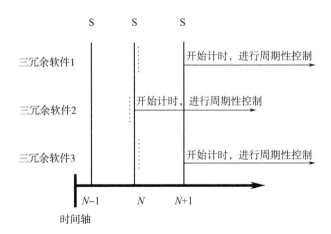

注：┆ 软件初始化好，等待周期性控制信号S；

S 周期性控制信号

图 3 - 6　三冗余软件间运行不同步示意图

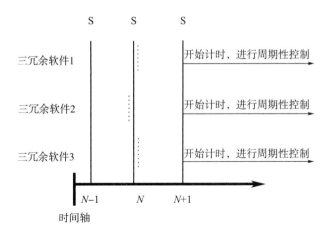

注：┆ 软件初始化好，等待周期性控制信号S；

S 周期性控制信号

图 3 - 7　三冗余软件间延时等待同步策略示意图

三冗余软件 1 和 3 完成初始化的信号，故需要等待，直到第 $N+1$ 周期，三冗余软件才一起同步进行计时，开始周期运算。

（2）三冗余软件间信号输入同步

1）三冗余软件间信号输入不同步：三冗余软件在完成相同的测试时，由于测试控制命令的随机性以及软件运行方式的限制，可能存在三冗余软件中的某一个软件或者两个软

件在控制周期 N 查询收到了测试命令 M，而另外一个软件或者两个软件在控制周期 $N+1$ 查询收到了测试命令 M，从而导致三冗余软件执行测试命令 M 的时刻不同，测试结果会有所差别。因此，需要进行需求分析，是否需要保证三冗余软件计算结果一致，是否需要在同一控制周期同步处理信号和数据，如图 3 - 8 所示。

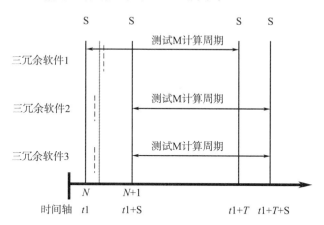

注： 软件判断是否收到测试命令M时间；

　　 T 测试命令M计算周期；

　　 测试命令M发送时刻；

　　 S 周期性控制信号

图 3 - 8　三冗余软件间信号或者数据输入不同步示意图

针对上述情况，可以采用交互表决策略进行同步。三冗余软件间信号或者数据输入不同步的特点是：三冗余软件未在同一个运算周期处理信号或者数据。因此，三冗余软件进行信号或者数据交互、表决之后，在同一周期开始处理信号或者数据。

如图 3 - 9 所示，在第 N 周期开始时刻，三冗余软件交互地面测试命令 M，并进行表决，由于地面测试命令 M 在第 N 周期开始时刻之后到来，因此，此周期不进行 M 测试。在第 $N+1$ 周期的开始时刻，三冗余软件再次交互测试命令 M，表决后，三冗余软件在此周期同步进行 M 测试。

2）三冗余软件接收输入数据同步要求。由于三冗余软件运行的不同步性，其获取单一输入的数据或者信号可能不同步，导致其计算结果存在偏差。例如，在控制周期 N，输出数据或者信号之前，三冗余软件 1 和 3 已经执行了获取数据或者信号的操作，因此，三冗余软件 1 和 3 本周期未录取到数据或者信号。而三冗余软件 2 在输出数据或者信号之后执行，因此，三冗余软件 2 录取到了输入数据或者信号，在本控制周期内参与了控制。三冗余软件 1、2、3 在以后的控制周期计算结果可能会存在差异，因此，需要进行需求分析（是否需要保证三冗余软件计算结果一致，是否需要三冗余软件接收不冗余软件数据同步），如图 3 - 10 所示。

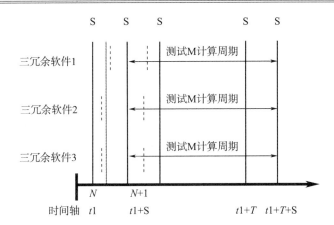

注：┊　软件判断是否收到冗余测试命令M时刻；

　　T 测试命令M计算周期；

　　│　测试命令M发送时刻；

　　S 周期性控制信号

图 3-9　使用交互表决策略进行同步

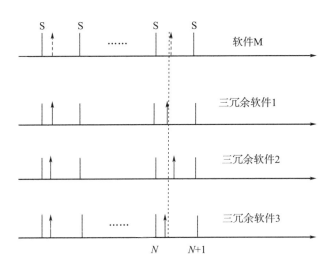

注：↑　三冗余软件获取软件M的数据或者信号；

　　↑　软件M向三冗余软件输出数据或者信号；

　　S　周期性控制信号

图 3-10　三冗余软件与不冗余软件间不同步示意图

　　针对上述情况，可采取串行操作等措施确保三冗余软件接收输入数据同步。三冗余软件接收输入数据不同步的特点是：软件操作时间点冲突。因此，如果将软件操作串行进行，则能够避免冲突。

如图 3 - 11 所示，在控制周期 N（周期时间为 T）开始时刻，软件 M 向三冗余软件输出数据或者信号，在控制周期 N 的 $T/3$ 时刻，三冗余软件获取软件 M 的数据或者信号，能够进行同步处理。

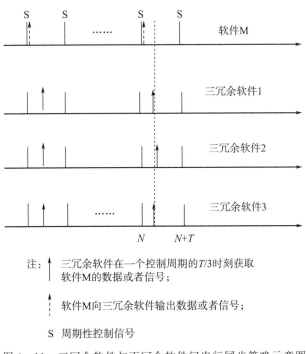

注： ↑ 三冗余软件在一个控制周期的 $T/3$ 时刻获取
软件M的数据或者信号；

┆ 软件M向三冗余软件输出数据或者信号；

S 周期性控制信号

图 3 - 11 三冗余软件与不冗余软件间串行同步策略示意图

3）三冗余软件与热备份软件间信号或者数据输入不同步：由于三冗余软件与热备份软件运行不同步，在热备份软件切换前后，三冗余软件正在获取热备份软件的状态信息，可能会出现三冗余软件的某一个或者某两个软件获取到切换前热备份软件 1 为主机的状态信息，而另外两个软件或者一个软件获取到切换后热备份软件 2 为主机的状态信息，这样三冗余软件在本控制周期内从不同的热备份软件录取控制计算周期输入信号或者数据，导致三冗余软件计算不一致，如图 3 - 12 所示。

针对上述情况，可以采用串行操作等措施确保三冗余软件处理数据同步。

（3）输出数据三冗余表决

在紧耦合模式中，三冗余软件计算结果需要三冗余表决输出，针对连续变量，收到三冗余软件三套结果时，可以求中间值、均值等；收到两套结果时，可以求均值等；收到一套结果时，可以直接输出；没有收到结果时，可以使用上一控制周期的结果输出或者不输出。针对位控变量，收到三冗余软件三套结果时，可以按位三取二；收到两套结果时，可以连同上一周期输出结果进行按位三取二表决；收到一套结果时，可以直接输出；没有收到结果，可以使用上一控制周期的结果输出或者不输出。

在松耦合模式中，三冗余软件计算结果需要根据系统需求采取不同的冗余策略，和系统应用结合比较紧密，也比较复杂。例如，针对三冗余惯性器件的数据，在进行冗余时，

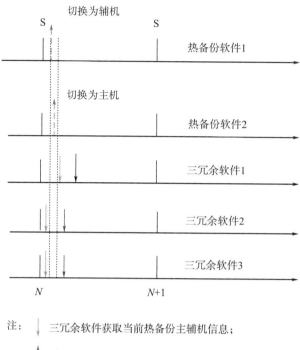

注：　↓　三冗余软件获取当前热备份主辅机信息；

　　　　↑　热备份主辅机切换；

　　　　↓　三冗余软件从热备份软件2录取周期计算输入量；

　　　　↓　三冗余软件从热备份软件1录取周期计算输入量；

　　　　S　周期性控制信号

图 3 - 12　三冗余软件与热备份软件间信号或者数据输入不同步示意图（见彩插）

需要考虑通信故障情况、极大值故障情况、极小值故障情况、瞬时故障、永久故障、结果一致性以及阈值的范围。

3.3.1.2　软件热备份设计

受到一些技术本身的限制或者根据系统的需求，新一代载人航天运载火箭中也采用了热备份设计。热备份设计的重点和难点是故障判别、状态切换以及切换后输出的完备性。进行热备份软件故障判别时，应分析故障判断方法的可靠性和软件切换的时效性。如监听心跳信号、1553B 总线数据等，应判断多个控制周期，如果故障持续，则认为故障存在。对故障切换导致系统性能下降的情况进行数字仿真，确保切换时间合理。

在主机发生故障时，备机切换为主机，此时切换后的主机应该继续完成切换前主机没有完成的工作，否则会产生非预期的结果。例如，三冗余软件的控制指令通过主机输出到执行机构，当发生状态切换时，切换后的主机可能会因未收到控制指令而失控，如图 3 - 13 所示。

针对上述情况，备份机应该通过 1553B 总线监听发送情况，或者主机提供给备份机发送信息，备份机切换成为主机后，根据之前的发送情况，针对没有发送的或者发送失败的数据或者命令继续发送，即采用记忆重发策略，如图 3 - 14 所示。

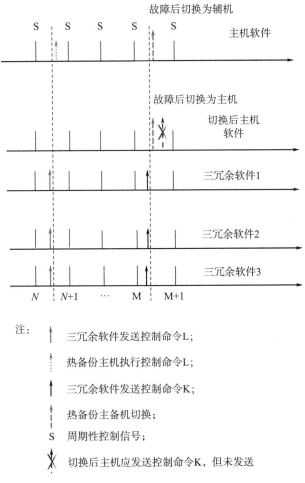

图 3 - 13　三冗余软件与热备份软件间控制输出不同步示意图（见彩插）

3.3.1.3　任务剖面

在火箭系统中，软件存在多种任务剖面，主要包括飞行控制任务和地面测试控制任务。在飞行过程中，不同的时间段控制对象和控制方式不同，导致其任务剖面也不尽相同，一般以时间段划分任务剖面；在地面测试时，不同的测试项目和测试流程，其被测对象和引入的测试信号也不同，一般以测试项目划分任务剖面。针对任务剖面进行安全性分析时，需要对软件运行流程、运行状态、运行条件进行分析，明确各种任务剖面的进入条件、退出动作以及不同剖面之间的耦合关系。为确保任务剖面清晰，安全实现软件功能，应采取如下相关安全性措施：

1) 通过指定的飞行参数区分软件运行的状态：飞行状态或者模拟飞行状态。针对软件在飞行状态和模拟飞行状态使用参数数值不同的情况，将这些参数中的部分关键数据进行实时显示，在火箭起飞前或者地面测试模拟飞行开始前，确认参数与对应的测试状态一致。

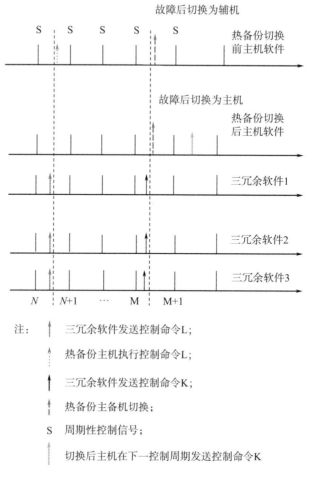

图 3-14　三冗余软件与热备份软件间记忆重发同步策略示意图（见彩插）

2）通过标志字区分软件的各个飞行段，标志字共三个参数变量，存放在地址间隔较大的内存中，防止同时被改写，使用时进行三取二表决，并将表决后的结果进行回写。

3）监控软件在跳转到应用软件入口地址之前，首先将处理器寄存器、中断等硬件状态恢复到上电复位状态，对于不能恢复的情况，应给出说明以及情况分析，确保不影响应用软件运行。

4）为保持运载火箭飞行稳定，上一个飞行段的计算结果应该作为下一个飞行段的输入，进行平滑处理。

5）每个飞行段的关机方式、姿态控制方程不同，上一飞行段的结束时刻，是下一飞行段的开始时刻，软件在退出各飞行段时，应该将本飞行段的控制对象设置为系统需要的状态。

3.3.1.4　安全关键功能

在火箭发射流程中，软件会完成一些安全关键的功能；在飞行过程中，由于飞行时间短，实时性要求高，人工无法干预，所以软件自主完成对火箭的飞行控制。针对这些功能，需要采取必要的措施，确保软件安全可靠运行，否则容易发生危险，甚至会导致任务失败。

1）根据全型号/分系统软件安全性分析结果、初步危险分析结果、软件系统设计方案和软件任务书，识别安全关键功能。

2）按照低耦合、高内聚的原则，将安全关键功能分为不同的功能集合，降低不同功能集合之间的耦合关系。尽量将安全关键功能与非安全关键功能分离开，采取必要的措施，使后者在出现故障时不会影响前者。

3）对软件需要完成的安全关键功能进行合理规划，尽量避免并发执行，将并行工作串行化执行。

4）在起飞前以及安全关键功能计算完成后，应对计算结果进行人工判读或者自动判读，确认其正确性。需要在较短时间内完成的，应进行自动判读，以减少人判读的操作。

5）对于安全关键命令，应分析其限制条件，确保安全关键命令不误执行、不漏执行。减少安全关键命令的传输路径，以降低命令传输出错的概率。

6）在飞行控制周期内，将安全关键功能放在前台计算，非安全关键功能放在后台计算，即使后台计算出现问题，也不会干扰前台计算。

7）采用安全除法、安全开平方、安全取对数操作。在进行除法操作之前，首先判断除数是否为 0；在进行开平方操作、取对数操作之前，首先判断被开方数是否为负数。在地面测试时，如果遇到非预期的数据，则记录错误信息并进行提示。在飞行状态时，由于无法采取纠正措施，应采取容错措施，规避除零操作、负数开平方或者负数取对数操作，使程序继续进行运行。

8）针对浮点数据，不进行直接判读等操作，当两个浮点数据小于极小数值时，认为两个浮点数据相等，否则，认为浮点数据不相等。浮点数据的值域范围不同，极小数值的取值也不相同。

3.3.1.5　安全关键数据

火箭使用的数据主要包括计算常量、普通变量、诸元参数以及实时采集的数据。计算常量包括地球赤道半径、地球引力常数、地球自转角速度等固定不变的数值，一般固定在软件代码中。诸元参数是指与发射任务密切相关，随着发射任务不同而变化的数据，一般在发射前装定到箭载计算机内存中，供软件使用。实时采集的数据包括传感器测量的电压、气压、液位等数据。

在诸元参数生成过程中，由于人工输入、计算、生成、使用等过程可能引入错误的操作，需要明确各过程的安全性需求。如：避免人工录入诸元，通过诸元生成系统直接读取诸元数据文件，自动编译生成软件识别的二进制数据；确保诸元生成系统数据转换算法、生成数据正确可靠；在使用诸元前以及完成装定工作后，需要对装定在计算机内存中的诸元数据进行下载，与装定的文件进行逐字节比对，确认装定正确。

针对诸元数据，为保证生成诸元数据的可靠性，使用两种方式生成：一种是通过诸元生成软件自动生成执行数据；另一种由设计人员人工录入数据，修改源程序，通过集成开发环境编译生成执行数据。两种方式生成的执行数据完全一致，则认为诸元生成正确。

（1）诸元自动生成

诸元自动生成软件读取诸元数据以及配置文件，自动生成箭上飞行控制软件能够识别的二进制格式的诸元文件。诸元数据由多组文件群组成，如制导诸元、姿控诸元、时序诸元等数据输入文件。配置文件也由多组文件群组成，与诸元数据输入文件相对应，它规定了相应诸元的数据类型、数目、约束条件等信息。诸元自动生成软件根据配置文件的排列顺序，依次读取诸元数据输入文件中的数据，转换成为目标处理器识别的二进制数据。图3-15为诸元自动生成系统的示意图。

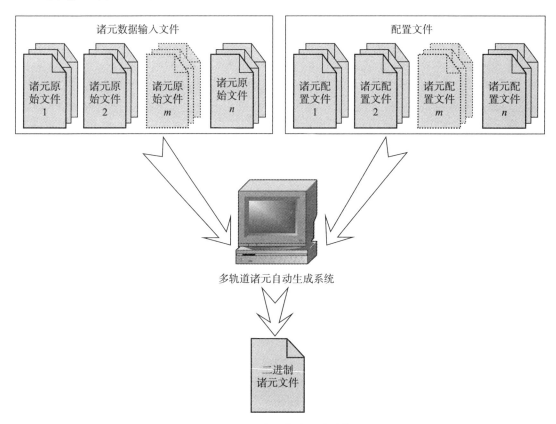

图 3-15　诸元自动生成系统

（2）人工录入数据生成诸元

根据提供的诸元数据，修改软件源程序中对应的诸元参数，生成诸元执行数据。为区别普通数据以及代码，使用编译器的自定义段功能，将诸元数据定义在诸元段（自定义），并指定诸元段的目标地址。编译完成后，再使用集成开发环境提供的目标文件转换功能，提取诸元段的数据，存放在指定的一个文件中。

（3）诸元文件完整性检验以及装载

诸元生成软件在二进制诸元文件头部增加文件长度以及校验信息，在向箭载计算机装载二进制诸元文件前，根据文件头中的文件长度进行 CRC 校验，如果计算的 CRC 校验码与文件中自带的 CRC 校验码相等，则文件没有损坏，否则说明文件在存储过程中发生物理损坏。二进制格式的诸元文件结构示意图如图 3-16 所示，诸元文件装载过程示意图如图 3-17 所示。

图 3-16　二进制诸元文件结构图

（4）下传比对设计

上传二进制格式诸元文件之后，需要把上传到箭载计算机内存中的数据下载到地面测发控系统进行比对。为了避免在传输过程中出现误码，软件通信协议中增加了对传输数据的 CRC 校验。发送数据一方根据发送的数据计算 CRC 校验码，连同数据一起发送。接收方收到数据后，根据接收到的数据进行 CRC 校验，并与发送方计算的校验码进行比对，如果校验码一致，则认为传输正常，否则，认为传输异常。一旦出现误码或者丢帧问题时，地面测发控系统提供了重传机制，可以进行重新传送数据，诸元文件下载过程示意图如图 3-18 所示。

针对普通变量数据，需要初始化为合理数值。重要数据应存储在内存中三个不连续的地址上，访问这些数据需通过三取二表决方式。重要的标志应安排在所有数组的前面，确保即使数组出现下标超界访问，也不会对重要标志造成破坏。关键标志字和数据不得使用一位的逻辑 "0" 或 "1" 来表示 "安全" 或 "危险" 状态。对浮点数下溢问题进行处理，避免出现无效操作数。控制变量数据的访问权限，如模块访问级别、文件访问级别以及无限制访问级别。对姿控网络参数（如阶数）等数据的设置要留有余量。

在进行实时采集数据时，应明确采集的操作，对于需要延时等待采集结果的情况，延时时间应留有余量。由于火箭飞行过程中外部环境恶劣，存在各种干扰，可能会影响采集的数据，需要对采样数据进行滤波和合理性判别。

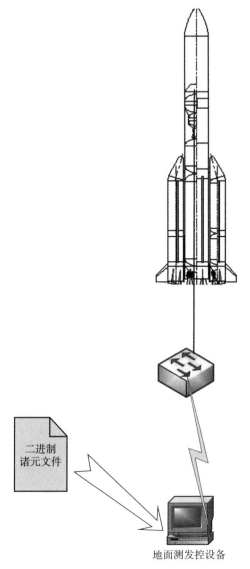

图 3 - 17　诸元文件装载过程

3.3.1.6　中断

　　火箭使用了大量嵌入式软件，各软件要频繁使用中断。软件针对中断的处理一般比较复杂，涉及优先级、共享资源冲突等很多问题。计算机一般提供三类中断：1）外部中断，提供引入系统外部的中断信号，可屏蔽；2）内部中断，包含时钟定时器、看门狗、串口等中断，可屏蔽；3）异常中断，包含非法指令、浮点异常、内存地址不对齐等中断，不可屏蔽。在软件设计阶段，针对中断的设计内容主要包括优先级、初始化、处理能力、服务时间、寄存器处理、嵌套、内外共用资源、结束处理、空中断处理、异常处理等。

　　对中断的频度和服务时间进行分析：1）是偶尔触发还是频繁触发；2）中断请求最短间隔时间是多少；3）中断服务最长时间是多少；4）完成中断过程中，不可被打断的服务

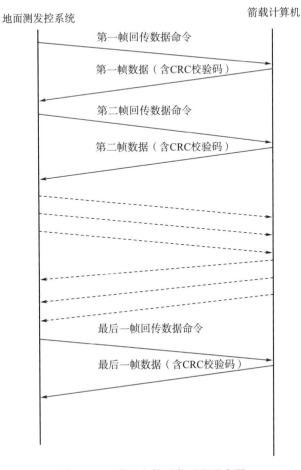

图 3 - 18 诸元文件下载过程示意图

内容所需的时间是多少。根据中断的执行功能，明确优先级。一般原则是：一次性的、偶发的或中断服务所需时间短的中断，考虑安排在较高的中断级别；频度高或中断服务所需时间较长的中断，应考虑安排在较低的中断级别。

应用程序一般在开始运行时完成与中断有关的初始化。初始化时应该：1）先关闭中断；2）设置中断的触发方式和中断的屏蔽字；3）初始化中断向量表，使不同中断对应不同中断处理函数；4）操作中断状态寄存器，清除已存在的中断信号，防止中断打开就立即被触发；5）最后再开启中断，必要时忽略第一次中断。

在程序运行的过程中有可能改变中断服务的入口地址（改变中断向量），在进行这一操作前，必须先关闭中断，操作完成后再打开。中断的触发方式分为边沿触发和电平触发。边沿触发是信号电平发生跳变，产生指定的边沿变化时才会产生中断，分为上升沿触发和下降沿触发。电平触发是信号处于指定的电平时产生中断，分为高电平触发和低电平触发。对于边沿触发方式，在打开中断前，如果产生中断所需要的边沿跳变已经发生，而电路又不能自动翻转，回到等待中断信号的状态，则在打开这一中断前，需要清除该信号。

　　中断处理时间应尽量短，中断服务程序中不应调用可能阻塞运行的函数，例如 printf、semTake 等函数，防止阻碍有实时性要求的中断服务、定时任务的及时处理。对于定时周期循环执行的任务，要保证在最坏情况下，每个循环周期不仅仅有足够的时间完成任务处理，还应该留有相应的余量，一般要求留有 20％的余量。如果中断频率过高，可能影响其他中断或者任务的实时响应，应采取措施避免这种情况。解决方法有：1）提高 CPU 的处理能力，使 CPU 在处理完中断后，仍有足够的时间处理其他任务；2）减小中断请求的频度，例如：使用串口通信芯片硬件先入先出队列（FIFO）缓存，多个字节产生一个中断请求，而不是一个字节产生一个中端请求，减小中断频率。

　　对可能在中断服务中被改变的寄存器（包括协处理器，如 80387）进行保护，并在中断退出前恢复为进中断前的状态。有些 CPU 使用不同的寄存器组服务于不同的中断服务程序和程序模块，要避免发生冲突，对寄存器组溢出的情况进行保护。

　　为简化分析、设计以及实现的难度，优先考虑不允许中断嵌套的工作模式，这要求各个中断服务程序占用的时间尽量少，使其他中断或者任务能及时响应。在必须使用中断嵌套的情况下，避免同一中断源的嵌套，确保嵌套中断不存在资源冲突的情况。中断服务程序具有可重入性，避免造成可重入错误。典型的重入行为：一个函数被多个中断调用，或者中断内外同时被调用，函数中使用了同一个全局数据变量，这样会造成重入错误。由于中断服务可能需要较多的堆栈空间进行寄存器和协处理状态的保护，应控制中断嵌套的最大深度，确保不会发生堆栈溢出。有些代码有特别的要求，例如：几条语句必须连续运行，不能有任何停顿或间隔。针对这种情况，应先关闭中断，待这部分完成后再打开中断。除禁止嵌套、临界资源保护等情况，应尽量避免频繁开关和中断操作，防止误开或误关。

　　对于数组、结构体或者单个变量，有时不能用一条机器指令完成读、写操作，如果中断内外或多个中断都进行读、写操作，就可能发生资源冲突。因此，由高级语言编写的程序，处理中断内外共用资源时，应在目标码层面上进行检查。如果改写同一个共用资源，可能会造成一方写入的数据，在没有使用之前被另一方改变，或者一方写入的数据引起另一方产生错误判断，应采取措施避免上述情况发生。例如：在读、写操作前屏蔽中断，完成后再恢复中断。

　　中断服务完成时，导致产生本次中断的信号或标志位应被清除。有些处理器是自动清除的，有些需要程序主动进行清除。例如，8259 中断控制器有自动 EOI 和手动 EOI 两种清除中断状态位的方式，一般使用手动 EOI 的方式。为避免由于中断嵌套导致非预期的情况发生，应选择合适的位置发出 EOI。有些硬件中断必须通过指定操作才能清除中断，使本次中断请求信号结束，例如：串口接收数据中断，必须将芯片缓冲区中的数据读空后，才能将中断请求清除。工作在边缘触发方式下，在没有清除中断请求的情况下退出中断，芯片将不再会向 CPU 发出中断请求信号。

　　如果存在中断复用情况，即不同的中断源共用同一路 CPU 中断，在退出中断前应确认所有复用的中断都已处理完毕。如果中断服务中存在条件循环，必须有确定的出口，可通过限定循环次数或者时间实现。

　　作为安全性措施，无论程序是否使用中断，对所有中断必须提供中断服务。对不使用的中断予以屏蔽，并提供空中断处理，即在中断服务程序中不做任何控制。

　　发生异常中断时，计算机硬件出现问题，软件应本着容错的原则考虑如何进行处理。一般情况可以直接返回、返回触发异常指令的下一条指令或者返回到指定地址。

3.3.1.7　通信接口

　　在火箭系统中，软件之间的接口使用了多种介质进行通信，例如双口 RAM、1553B 总线、以太网、串行通信总线等，应针对不同通信接口的特点以及应用需求进行分析，明确通信接口的安全性措施。

　　（1）双口 RAM 通信

　　1）双口 RAM 可以通过查询或者中断方式，进行数据的接收和发送。对双口 RAM 的使用方式进行安全性分析，确认不存在风险。若使用查询方式，应明确更新数据的时机，确保数据交换完整，可设置更新标志、双缓冲等措施。若使用中断方式，应考虑发送方和接收方的处理能力，接收方应及时清除中断。

　　2）根据"谁先运行谁初始化"或"谁先使用谁初始化"的原则，明确双口 RAM 的初始化顺序，确保使用前已完成初始化。

　　3）明确通信双方的数据格式，解决因为双方处理器大小端不同，或者浮点数据表示方式不同导致的不匹配问题。

　　4）对同一单元的访问冲突情况进行分析，明确避免数据冲突的措施，一般情况下由硬件保证。

　　5）分析数据校验需求，明确校验方式，针对命令字，可以采取具有简单纠错功能的方式，发送三冗余的命令字，使用时进行三取二；针对浮点数据或者较多的数据，采用CRC 校验方式。在接收方进行处理前，应按照约定的方式对数据进行校验，校验正确方可使用，否则应丢弃数据，记录或者提示异常情况。

　　6）不同的数据应分配不同的空间，简化软件设计、实现，提高安全性。不同数据之间应预留一定的空间，防止异常情况下读写操作地址溢出，造成数据被改写，或者读入错误数据。

　　（2）1553B 总线通信

　　1）规划总线的数据流，确保总线负载留有足够余量，在计算总线负载时，除考虑数据传输时间，还应考虑消息响应时间、消息准备时间等。

　　2）针对关键数据，应明确确保数据可靠传输的机制，例如：A 通道和 B 通道均发送数据；固定数据连续发送多个周期；发送失败后使用另外一条通道进行重试。

　　3）不同的数据应使用不同的子地址进行通信，使软件设计、实现简化，提高软件安全性。

　　4）在处理消息之前，应确保当前消息已经结束，并对此消息的通信状态进行判断，在异常情况下应丢弃数据，如超时、通信格式错误、奇偶校验错误等。

5）由于 1553B 总线协议芯片与应用软件之间共享 RAM 通信，双方读写 RAM 的时机不确定，1553B 协议芯片本身不提供保证数据完整性的机制，应用软件在发送和接收数据时，应使用双缓冲或者多缓冲机制。

6）分析数据校验需求，明确校验方式，针对命令字，可以采取具有简单纠错功能的方式，发送三冗余的命令字，使用时进行三取二；针对浮点数据或者较多的数据，采用 CRC 校验方式。在接收方进行处理前，应按照约定的方式对数据进行校验，校验正确方可使用，否则应丢弃数据、记录或者提示异常情况。

（3）以太网通信

1）明确安全关键数据传输的通信协议以及可靠措施，一般应用层通信应有回令，确认关键数据已经收到。

2）根据网络通信负载，规划网络通信的数据流，避免集中进行大量数据传输。

3）分析恶劣网络环境下，网络通信堵塞之后的恢复能力，明确相关需求。

4）分析数据校验需求，明确校验方式，针对命令字，可以采取具有简单纠错功能的方式，发送三冗余的命令字，使用时进行三取二；针对浮点数据或者较多的数据，采用 CRC 校验方式。在接收方进行处理前，应按照约定的方式对数据进行校验，校验正确方可使用，否则应丢弃数据、记录或者提示异常情况。

5）在制定接口协议时，应考虑干扰数据、数据丢失、传输误码等情况，使接口协议本身具有强适应能力，接口协议帧格式一般应包括帧头、帧尾、转义、校验和、填充字节等，表 3-3 是帧格式的示例。

表 3-3　帧格式示例

顺序	1	2	3	4	5	6	7	8
字段	帧头	数据区	0x00	校验和	0x00	数据区长度	0xAA	帧尾
字节数	2	0～65535	1	2	1	2	1	2

其中：

1）帧头——2 个字节，用 XXZZ 表示（XX 在前，YY 在后）；

2）数据区——0～65535 个字节，0～43690 有效字节；

3）填充字节——1 个字节，固定为 0x00；

4）校验和——2 个字节，为 CRC16 校验，多项为 $X^{16} + X^{15} + X^2 + 1$，低字节在前；

5）填充字节——1 个字节，固定为 0x00；

6）数据区长度——2 个字节，无符号，表示数据区字节的个数（转译后）；

7）填充字节——1 字节，固定为 0xAA；

8）帧尾——2 个字节，用 XXYY 表示（XX 在前，YY 在后）。

发送顺序为从帧头到帧尾，如果数据区中含有连续的字节 0x5A、0xFE（与帧尾相同），在发送前进行转义，即在 0x5A 前填充字节 0x00。帧中数据区长度为转义后数据长度，校验和为转义后校验和。组帧、解帧过程如图 3-19 所示。

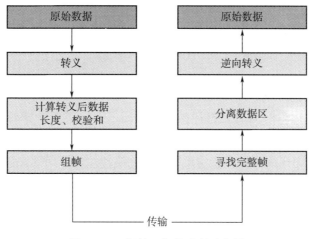

图 3-19　组帧、解帧过程示意图

（4）串行总线通信

1）根据通信负载、芯片的处理能力以及应用软件的响应时间，规划数据流，避免数据溢出而丢失的情况。进行串行芯片选型时，应尽量选用硬件接收和发送缓冲区相对较大的芯片。

2）明确串行总线通信发送、接收数据的处理方式，如中断方式、查询方式。对于实时性要求较高的系统，尽量使用中断方式，确保所有数据能够被实时接收。

3）在串行总线通信时，由于处理器执行优先级高的任务不能及时接收数据，可能会造成数据丢失。软件设计前，针对优先级更高的任务或中断，分析其运行时间，如果运行时间较长，低优先级任务不能及时接收串行总线数据而造成丢失，软件应采取相关措施。如：使用串行通信芯片本身提供的硬件缓冲；压缩高优先级任务执行时间；将接收串行总线通信数据任务优先级提高，优先接收数据。

4）在中断服务程序内，只完成必须的发送和接收数据功能，时间消耗较大的判断和处理工作可放在中断外进行。

5）使用查询方式发送数据时，应避免使用死循环的方式发送，可以采取超时退出机制。使用查询方式接收数据时，也应避免由于硬件异常导致持续接收数据的情况，可以设置接收数据的最大数目。

6）在接收数据前，应进行通信状态判断，在异常情况下应丢弃数据，如奇偶错误、同步头错误等。

3.3.1.8　性能和余量

性能需求一般包括计算结果输出时间要求、软件周期运行时间要求、采集频率要求、延时时间要求等。在需求分析阶段，应借鉴以往型号的性能实现情况，根据本型号的计算机硬件资源以及计算工作量进行估算，如果发现在指定的时间内可能无法完成计算工作，应该升级计算机硬件资源或者优化计算功能。

余量需求一般包括时间余量、空间余量、数据处理能力余量等。时间余量包括计算结果输出时间余量、软件周期运行时间余量；空间余量一般包括内存中数据区、代码区、堆栈空间余量；数据处理能力余量包括接收、发送、处理数据的能力余量。在软件需求阶段，应对上述指标做出具体规定，确保软件满足任务要求，一般要求至少留有 20% 的余量。

在软件设计阶段，根据软件计算工作量，统筹安排软件计算工作，确保软件计算结果输出时间、软件周期运算时间满足指标要求。例如，进行某项计算时，需要：1）录入数据 A，用时 2 ms，主要为总线传输时间；2）录入数据 B，用时 1 ms，主要为总线传输时间；3）对数据 A 进行故障诊断、当量转换、补偿计算，用时 1 ms；4）对数据 B 进行故障诊断、当量转换、补偿计算，用时 0.5 ms。当串行进行上述工作时，用时 4.5 ms，但是，由于录取数据的时间主要是总线传输时间，因此，可以采取串行工作并行化的优化设计方案，节约计算时间：在录入数据 B 的时间里，对数据 A 进行故障诊断、当量转换、补偿计算。优化之后，完成上述计算仅需要用时 3.5 ms。

对软件规模进行估算，初步划分软件数据区、代码区的空间，后续在实现阶段可以根据具体情况进行调整。栈空间应在上述区域之外，避免受数据区、代码区后续调整的影响。有些处理器在分配栈空间时，由高地址向低地址分配，对于这种情况，可以在初始化时将栈指针指向最高的地址；有些处理器，由低地址向高地址分配，这时应给代码区和数据区预留一定的空间。

在进行软件设计时，应考虑数据处理能力。在最大强度的情况下发送、接收数据，分析硬件缓冲区是否可能溢出，如果溢出，软件应用层应采取使用缓冲区、增大发送数据间隔时间、中断接收数据等策略。

3.3.1.9　人机界面

在火箭发射流程中，操作人员通过地面测发控软件提供的人机界面控制发射流程，监测测试结果。

分析人机界面显示的内容，确定其内在属性，如刷新频率等；确定显示方式，如曲线、图表等。界面应进行合理布局，层次清晰，力求简洁、有序、易于操作，减少界面复杂度，菜单和对话框的深度宜控制在三层以内，软件界面元素的宽度应避免超出该界面的宽度。界面主窗口应采用全屏方式显示，避免操作员对主窗口进行拖拽。完成相同或相近功能的界面元素应分组放置，组与组之间应有布局线分割。工具栏的内容应保持稳定，无效的菜单或选项应将其置为不可用，而不是将其删除。

分析与安全关键操作相关的人机界面交互，明确操作的安全性要求。对输入的指令和数据，在执行前要进行确认。在启动安全关键功能时，必须由两个或两个以上的操作启动，并有完善的防误触发保护机制，以避免无意激活。例如，至少由两个不同按键启动控制功能，并且这两个按键在键盘或面板上应保持一定的距离，以免误触发。具有明显后果的操作应让用户进行二次确认，且两次确认的方法应有区别，如第一次为键盘操作，第二次为鼠标操作。应避免将与用户无关的信息输出到界面上，如调试信息。尽量减少需要用户操作、决策的项目以及步骤，在界面显著位置上提示当前可操作的项目，尽量减少用户操作时间与操作复杂性，用最少的支持来实现用户所必须的操作。

分析可能出现的异常情况，明确人机界面安全性需求，如发射流程可回退、可重试、可忽略。在用户执行非法操作或测试并产生错误的情况下，软件应弹出消息提示用户，并提供充分的信息，包括：错误类型、原因、严重程度、造成的影响、强制的处理方法（或由用户选择错误处理方法）等。禁止使用多线程的方式访问界面资源，以便于操作员用单一行为处理当前事务。

3.3.1.10　多任务

应用软件根据"高内聚、低耦合"的原则划分功能任务，一个任务应完成一个完整的功能，划分后的任务耦合性应较低。例如，在某飞行控制软件任务设计中，由于"飞行控制任务"负责飞行控制的制导、姿控计算以及输出功能，"遥测处理任务"负责将遥测信息发送给遥测系统，二者功能相互独立，因此，将"飞行控制任务"和"遥测处理任务"分别设置为独立任务。

对于具有流程控制功能的程序，尽量按工作或任务流程来划分，使软件串行工作；应避免分成多个任务，否则会增加软件复杂性，容易造成资源冲突，或者两个任务之间相互干扰，降低软件的安全性。

任务数量不是越多越好，任务过多既增大系统开销，又给任务之间的同步设计带来难度。单任务无法实现或难以实现的并行操作，才需要使用多任务实现。如果每个任务都处于满负荷状态，可能造成软件无法正常响应系统请求，大多数任务应处于等待外部或指定事件状态。

在嵌入式实时操作系统中，应采用基于优先级的抢占式任务调度模式，在所有具备运行状态的任务中，当前运行的任务是优先级最高的。基于优先级的抢占式任务调度有两种模式：1）一个优先级仅能对应一个任务；2）一个优先级可以对应多个任务。最后这种模式称为"基于优先级的抢占调度扩充时间片轮转调度模式"，相同优先级的任务获得相等的 CPU 分配时间。应用软件设计任务优先级时，应了解所使用的嵌入式实时操作系统支持的调度方式，并结合任务功能设置任务优先级。

在多任务系统中，死锁和优先级反转问题是普遍面临的设计问题。应用软件通过信号量保护临界资源时，应避免出现死锁情况。死锁是指两个或两个以上的任务在运行过程中，由于竞争资源或者彼此通信而造成的一种阻塞现象。例如，任务 A 占用资源 1，任务 B 占用资源 2，任务 A 申请使用资源 2，而任务 B 又申请使用资源 1，这样两个任务就产生死锁。

优先级反转是指当一个高优先级的任务通过信号量访问共享资源时，该信号量被一个低优先级任务占用，高优先级的任务挂起。低优先级任务在访问共享资源时，可能又被其他一些中等优先级任务抢占。因此，高优先级任务被较低优先级任务阻塞，实时性难以保证。例如，A、B、C 三个任务，优先级为 A＞B＞C，任务 C 首先运行，开始使用共享资源 S。使用过程中，任务 A 抢占执行，当申请资源 S 时被挂起，任务 C 继续执行。若此时任务 B 抢占执行，而任务 B 不使用资源 S，因此，直到任务 B 执行完毕，任务 C 释放资源

S后，任务 A 才得以执行。在这种情况下，优先级发生了反转，任务 B 先于任务 A 执行。解决优先级反转问题一般采用优先权天花板机制，即当任务使用某资源时，把该任务的优先级提升到可访问这个资源的所有任务中的最高优先级。

对于一些硬件资源，如 1553B 总线协议芯片、串口通信协议芯片、网络通信协议芯片，如果在多个任务中访问，可能出现非预期的结果。例如，任务 A、B（优先级由低到高）同时访问网络通信协议芯片，向计算机 C 发送测试结果，任务 A 发送一帧 100 个字节的测试结果 M，当发送到第 50 个字节时，任务 B 具备了运行条件，抢占任务 A，任务 B 开始运行，也通过网络通信协议芯片向 C 发送一帧 80 个字节的测试结果 N。发送完毕后，任务 B 挂起，任务 A 继续运行，向 C 发送剩余的 50 字节。在 C 处，顺序收到测试结果 M 的前 50 字节、测试结果 N、测试结果 M 的后 50 字节，但由于 C 依次解析收到的数据，无法正确解析测试结果 M，导致丢失。因此，当有多任务访问同一硬件资源时，应采取信号量保护等互斥措施。

在 32 位操作系统环境中，由于计算机数据线是 32 位，对大于 32 位的数据进行读写操作时，需要使用两条机器指令，因此，在两条机器指令之间发生任务切换，可能会导致读写冲突。如：在任务 A 中读取双精度浮点数据 71.63（64 位，8 个字节），需要使用两条汇编指令，当读取了高 32 位之后，发生了任务切换，在另外一个任务 B 中将数据 71.63 存储的物理地址低 32 位设置为 0。任务 B 完成计算后，切换到任务 A 继续运行，读取低 32 位数据，经过两次读取后，任务 A 读取到的数据是 71.629943847656250，而不是 71.63。表 3 - 4 所示为多任务共享数据类型保护列表。

表 3 - 4　多任务共享数据类型保护列表

数据类型	是否需要保护
无符号字符	否
有符号字符	否
16 位有符号短整型数	否
16 位无符号短整型数	否
32 位有符号整型数	否
32 位无符号整型数	否
64 位有符号长整型数	是
32 位浮点数	否
64 位浮点数	是
字符串类型	是
数组类型	是
结构体类型	是

　　两个任务之间需要共享一份数据，为避免读写冲突，可以采取两种方法：对数据进行加锁，避免同时访问；采用消息队列机制，一个任务将数据通过消息队列发送至另外一个任务，两个任务各拥有一套完全相同的数据，避免了数据锁定的复杂问题。如果有一方需要对数据进行复杂运算，锁定时间较长，应尽量使用第二种方案。

　　任务启动前，需要设置优先级、堆栈大小、参数以及寄存器配置。一般情况下，需要将立即响应系统请求的任务设置为高优先级，将可以不需要立即响应系统请求的任务设置为低优先级。一些操作系统环境下线程的优先级为相对优先级，慎用最高优先级，它将极大削弱包含主线程在内的其他线程的执行时间。在某些操作系统环境下，应用软件任务的优先级通常大于 100；避免使用占用空间较大的局部变量，以防止栈空间溢出；检查堆栈使用情况，如果堆栈使用上限处于临界状态，应该增加堆栈大小；设置任务相关选项，保护与浮点计算相关的上下文。

　　在嵌入式软件设计过程中，经常在无限循环中接收数据。当接收数据发生错误时，在异常分支应进行延时，避免长时间占用 CPU 资源，防止在异常状态阻塞其他任务的运行，如图 3 - 20 所示。

```
Forever
{
    if( ReadHw( iTimeOut )  = =  true )
    {
      process ( ) ;
    }
    else
    {
      Sleep ( 1 ) ;
    }
}
```

图 3 - 20　避免长时间占用 CPU 的代码示例

　　避免由一个任务直接挂起另外一个任务，当任务必须被挂起时，可以通过给该任务发送信号量或设置标志，由任务自己主动挂起，使任务停在可预知的位置，避免对相关资源的占用。任务退出前，应释放相关资源，避免影响其他任务。

3.3.1.11　容错

　　在软件设计时，应对故障情况进行容错处理：I/O 接口可能发生干扰或异常；通信接口可能有传输误码；计算公式使用的数据可能超出正常范围；芯片也可能出现故障。软件设计人员应对上述情况进行分析，提出容错需求和措施，提高系统的安全性。例如：

　　1）对于 I/O 接口采集的信号，采用滤波的措施，防止干扰信号，并明确滤波时间是否需要补偿。

　　2）火箭的一些重要信号通过传感器、线缆、计算机传送给软件，传输途中有可能存在异常，导致不能收到这些信号，因此，采用备保措施，在不能收到当前信号的情况下，通过其他条件进行判断。

3）在火箭飞行过程中，存在各种干扰，导致传感器采集的数据存在波动，可以采取剔除极大值、极小值之后求平均值的措施，也可以采集某个时间段内的稳定数据，不使用不稳定的数据。

4）对于连续定时发送的数据，发送方可能未定时发送，或者定时发送后，发送失败，接收方应采取措施，定时检测，发现上述异常。

5）对于测试命令有可能传输异常，无法正常接收的情况，应采取多次重试的措施。

6）网络交互、文件系统读写等操作消耗的时间不确定，应对上述情况进行充分分析，留有足够的超时时间余量。

3.3.1.12　编程语言

载人航天运载火箭软件多数使用C语言编写，由于C语言功能强大，也并非为嵌入式软件开发而设计，因此，需要确定C语言安全子集，约束标识符、宏定义、保留字、变量、头文件、函数、参数、数据类型、结构体、数组、类型转换、跳转语句、指针、条件语句、循环体、表达式、运算符、预处理、注释的使用，增加代码的易读性和可重用性，便于软件代码审查、测试和维护，提高软件的安全性。具体的编程规则示例如图 3-21 所示。

```
禁止从任意类型到指针的强制转型，禁止从指针到任意类型的强制转型。
例如避免使用如下的方式：
    void Example (void)
    {
        int iValue = 0;
        int * pBuffer = NULL;
        / * ... * /
        iValue = 128;
        pBuffer = (int *)iValue;        / * 错误的形式 * /
        / * ... * /
        pBuffer = &iValue;
        iValue = (int)pBuffer;          / * 错误的形式 * /
    }
```

图 3-21　C语言编程规范示例

3.3.1.13　开发环境验证

在安全关键软件开发过程中，使用集成开发环境进行代码的编辑、编译、链接，最终生成执行程序。代码中使用了其提供的库函数，完成三角运算、反三角运算、字符串操作等功能。集成开发环境提供的库函数、编辑器、编译器、链接器正确与否，直接关系到软件的安全。NASA（美国国家航空航天局）针对一定时期内、一定范围的软件缺陷进行分析，发现在所有已知的缺陷中，由编译器、链接器、开发和测试工具引入的缺陷，占比为 0.55%[12]，如图 3 - 22 所示。因此需要验证软件集成开发环境，使其与待开发软件的安全性等级相适应。

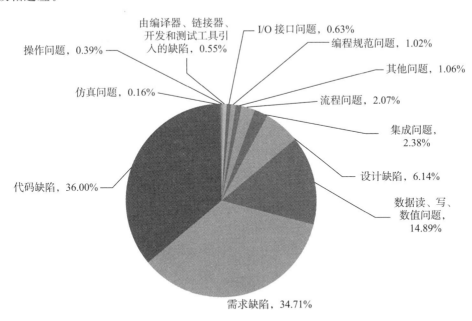

图 3 - 22　软件缺陷类型分布情况

　　与 NASA 的做法一致，载人航天运载火箭系统安全关键软件使用的集成开发环境也需要进行安全性验证，型号组织专门的团队对部分关键软件的集成开发环境进行了编译器验证，共设计了 57 556 个测试用例，其中有 513 个出现问题。通过筛选汇总，除去数据计算精度问题，发现 33 个编译器缺陷。其缺陷分布如图 3 - 23 所示，其缺陷情况统计见表 3 - 5。

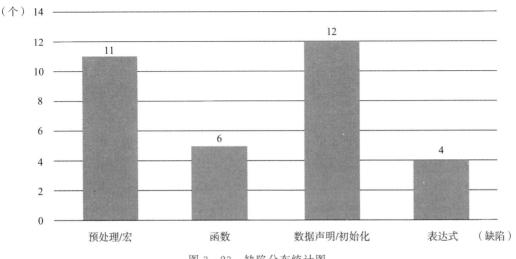

图 3 - 23　缺陷分布统计图

表 3 - 5　缺陷情况统计

序号	测试标识	缺陷描述
1	suite _ 3 _ 4 _ xrfg2	没有对整型溢出进行检测
2	suite _ 3 _ 4 _ xspr3711	常量表达式中允许有逗号操作符
3	suite _ 3 _ 5 _ 4 _ 3 _ x6	函数声明中允许非法使用 void
4	suite _ 3 _ 5 _ 7 _ t110	数组隐式赋值异常
5	suite _ 3 _ 7 _ 1 _ x2	没有检测函数参数空声明
6	suite _ 3 _ 8 _ 1 _ x3	没有检测 ♯if 语法错误
7	suite _ 3 _ 8 _ 1 _ x4	允许 ♯elif 存在于 ♯else 后面
8	suite _ 3 _ 8 _ 1 _ x5	♯else 后面允许有 ♯else
9	suite _ 3 _ 8 _ 1 _ xpre10	♯if 中 sizeof 错误处理不当
10	suite _ 3 _ 8 _ 1 _ xpre11	♯if 类型转换错误处理不当
11	suite _ 3 _ 8 _ 4 _ x3	♯line 可以指定为 0
12	suite _ 4 _ 11 _ 5 _ 7 _ t1	strstr () 函数有误
13	suite _ 4 _ 8 _ tbryanu3	可变长参数函数有误
14	suite _ 4 _ 9 _ 6 _ 1 _ tspr4317	sprintf () 函数有误
15	suite _ 4 _ 9 _ 6 _ 6 _ tspr3943	sscanf () 函数集合操作有误
16	suite _ 4 _ 9 _ 6 _ 6 _ tspr5360	sscanf () 函数有误
17	suite _ 2 _ 1 _ 1 _ 2 _ t02	sizeof 计算有误
18	In1	中断服务例程命名
19	T1	不支持 for 语句中变量初始化
20	T2	不支持变长数组
21	T3	不支持数组指定初始化项目
22	T4	不支持 restrict 关键字
23	T5	不支持 long long 数据类型
24	T6	不支持复合赋值
25	T7	不支持 ll 格式修饰符
26	T8	不支持宏中变元
27	T9	不允许对结构体成员进行简单初始化
28	T10	对某些库头文件不支持

续表

序号	测试标识	缺陷描述
29	KD1	超出 short 整数范围
30	KD2	常数表达式与其类型不匹配
31	KD3	禁止重定义一个 objet – like 的宏时符号拼写不同
32	KD4	禁止重定义一个 function – like 宏时符号拼写不同
33	KD5	禁止重定义一个 function – like 宏时符号顺序不同

设计师队伍通过分析缺陷数据，认为该集成开发环境虽然存在一些缺陷，但是可以在软件编程时避开使用，在使用时需注意如下问题：

1）该编译器对宏的处理能力略显不足，在实际使用中尽量不要在宏处理上进行复杂的操作或者使用较特殊的宏。

2）该编译器对于 C 语言的高级用法支持力不强，例如，现今大部分开源操作系统为了增强兼容性，常采用可变参数函数。但是，该编译器不支持使用可变参数函数，建议在使用的时候尽量不要使用 C 语言的高级用法。

3）针对 C99 标准未定义和未规定的行为，建议型号在具体使用的时候进行明确的规定，或者避免使用，这样既可以避免出现未定义的异常错误，也能加强代码的可移植性。

3.3.2　软件故障树分析

故障树分析（Fault Tree Analysis，FTA）方法于 20 世纪 60 年代初由贝尔实验室提出，用于民兵导弹发射控制系统安全性分析。之后波音公司将 FTA 方法计算机程序化，推动了 FTA 方法的应用。到了 20 世纪 60 年代中期，FTA 方法从航天领域进入核工业和其他领域。在 1974 年 8 月美国发表《美国商用核电站事故风险评价报告（草案）》（报告代号 Wash – 1400）之后，FTA 方法在全世界受到普遍重视。该报告成功地应用了事件树和故障树分析方法，定量给出了核电站可能造成的风险。

FTA 方法是一种系统化、形式化的分析方法，旨在以演绎方法找出导致系统故障的各种可能的基本原因，进而找到系统的薄弱环节，以改进系统分析与设计。FTA 方法的优点表现在它可以定性，也可以定量分析故障原因对故障的影响；不仅可以分析硬件影响，也可以分析软件影响。SFTA 就是将 FTA 的思想和方法用于软件故障的分析。

软件故障树的建立是软件故障树分析中最基本，同时也是最关键的一项工作。故障树建立的完善程度，直接影响定性分析和定量分析的准确性，因而需要软件故障树的建立者广泛地掌握并使用有关方面的知识和经验。

建立软件故障树通常采用演绎法。所谓演绎法是指首先选择要分析的顶事件（即不希望发生的故障事件），作为故障树的"根"。然后分析导致顶事件发生的直接原因（包括所有事件或条件)，并用适当的逻辑门与顶事件相连，作为故障树的"节"（中间事件)。按照这个方法逐步深入，一直追溯到导致顶事件发生的全部原因（底层的基本事件）为止。这些底层的基本事件称为底事件，构成故障树的"叶"。

SFTA 方法的主要目标是确定软件的安全性需求，用来指导软件安全性设计，确定软件设计和测试的重点内容。目前火箭系统单个软件配置项（应用软件）内部接口相对简单，功能独立，各功能模块之间耦合较少，模块内部函数接口也简单。因此，可以将基于部件的 SFTA 以及基于单元的 SFTA 合并进行。

针对采用面向对象等非结构化方法设计的软件，不存在部件和单元，使用的是类、方法等，在进行基于部件、单元的软件 SFTA 时，主要以类成员中的方法为对象进行分析。

进行基于软件部件和单元的 SFTA 时，根据基于功能的软件故障树分析确定的安全关键功能，确定基于部件/单元的软件故障树中的顶事件，如图 3-24 所示。按以下步骤进行：针对基于功能 SFTA 确立的安全关键功能，明确实现各安全关键功能的部件和单元，如图 3-25 所示；分析软件设计说明中实现安全关键功能的部件和单元，明确子功能以及相关设计逻辑；将安全关键功能失效作为顶事件，分别建立软件故障树模型，如图 3-26 所示，对软件故障树定性分析，如表 3-6 所示。

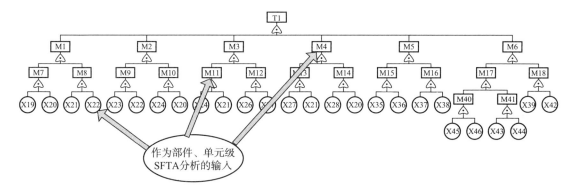

图 3-24　功能级分析的结果作为部件、单元级分析的输入

序号	关键功能	部件	单元（子部件）	备注
1	数据处理	Func_Cycle	Send_Sig	
2			Func2_Cycle	子部件
3		Func2_Cycle	Write1_Data	
4			Recv1_Msg	

图 3-25　明确实现各安全关键功能的部件和单元

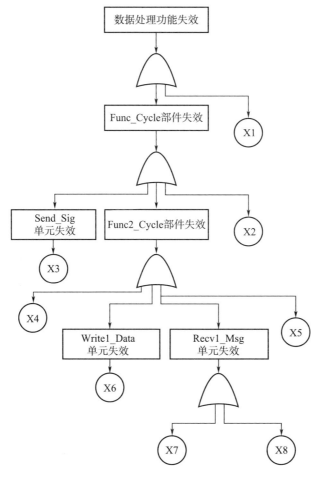

图 3 - 26　故障树模型

表 3 - 6　对软件故障树定性分析

最小割集	所包含的底事件	阶数	底事件出现次数	验证要求
X1	软件运行状态错误或者中断错误，导致本部件没有执行	1	1	配置项测试；综合试验
X2	没有调用子部件进行数据处理	1	1	单元测试
X3	发送信号控制方式错误	1	1	代码审查；配置项测试
X4	没有调用总线控制模块	1	1	单元测试
X5	没有调用输出模块输出数据	1	1	单元测试
X6	软件写数据期间，其他软件开始读取数据，导致数据不正确	1	1	配置项测试
X7	计算结束超时时间短，导致传输数据未结束时，程序认为超时、退出，误认为消息异常	1	1	代码审查
X8	重试使用错误	1	1	代码审查

软件故障树的建立通常包括以下几个步骤：

1) 广泛收集并分析有关技术资料；

2) 选择要分析的顶事件；

3) 构建故障树；

4) 简化故障树。

顶事件的选择可以基于以下几个方面：对系统最终不应做什么的工程判断；根据已有经验，或以往归零分析和典型案例中记录的问题；失效模式及影响分析（FMEA）的分析结果；初步危险分析（PHA）提供的信息；规格说明书、标准等文档中提出的要求。

软件在其需求分析阶段确定了各项软件功能，在概要设计阶段设计出了各软件部件，在详细设计阶段设计出了各软件单元。软件功能都是通过某一个或若干个软件部件、单元来实现的。程序控制流程反映这一实现过程。若控制流程中的某个环节失效，便有可能导致软件功能失效。因此可以在对软件控制流程分析的基础上建立软件故障树。

割集，能引起顶事件发生的基本事件集合；最小割集，不包含任何冗余因素的割集。如果去掉最小割集中的任何事件或条件，它就不再成为割集。如图 3 - 27 所示，最小割集为 {A1}：两条路径都有 A1。如果 A1 发生，则 G2 和 G3 被激活（故障 1 与故障 2 发生），这将激活 G1，并导致最终事件发生。最小割集 {A2，A3}：A2 的发生激活 G2（故障 1 发生），A3 的发生激活 G3（故障 2 发生）。这将激活 G1，并导致最终事件发生。

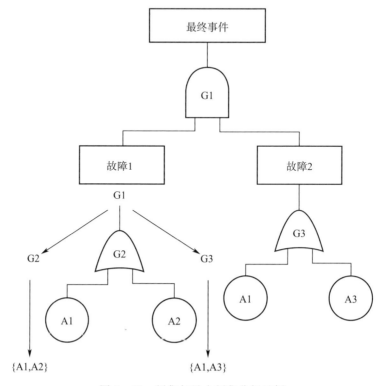

图 3 - 27　割集与最小割集分析示例

当软件故障树建立并得出所有最小割集后，应对其进行定性比较，并将结果应用于指导故障诊断，或指出改进设计的方向。阶数越小的最小割集越重要；低阶最小割集所包含的底事件比高阶最小割集中的底事件重要；在不同最小割集中重复出现次数越多的底事件越重要。

软件故障树分析最重要的意义在于，根据分析的结果，找出可能造成关键性的安全事故发生的原因，指导软件进行安全性设计以及软件测试、验证，从而提高软件的安全性。软件故障树分析方法因烦琐、费时，通常只限制在影响软件安全性的关键部位使用，而不适宜在编码层次上对整个系统软件的全部内容进行分析。

3.3.3　软件失效模式及影响分析

失效模式及影响分析（FMEA）是一种可靠性与安全性设计技术，用来分析、审查系统及其设备的潜在故障模式，确定其对系统和设备工作能力的影响，从而发现设计中潜在的薄弱环节，提出可能采取的预防改进措施，以消除或减少故障发生的可能性，提高系统和设备的安全性和可靠性水平。

SFMEA 是将传统的 FMEA 方法应用于软件领域，是一种系统化的故障预想分析方法，适用于软件开发的各个阶段。

在需求分析阶段，SFMEA 的目的是找出软件所有可能的失效模式，分析其产生的失效原因及影响，并提出改进措施，以保证系统可靠、安全地运行。在需求分析阶段，如果硬件方案尚不明确或系统过于复杂，可以将软件、硬件 FMEA 合并进行。

在 SFMEA 时，首先明确软件安全性需求，一般有以下来源：

1）系统安全性设计要求。例如，软件具有健壮性，对系统外界干扰、接口故障（非法输入、常 0/1 故障）等具有适应能力。

2）软件性能安全性需求。例如，某控制软件要保证至少每隔一定时间查询控制指令，以便能够实时发送。

3）软件功能安全性需求。例如，某控制软件停止发送心跳信号的条件是连续 3 个控制周期，总线取数据都失败。

4）关键数据安全性需求。例如，对除二值以外的其他无含义的数值进行保护处理，确保软件处于安全状态。

5）接口安全性需求。例如，考虑采用连续查询的滤波处理方式，滤除掉可能的干扰信号。

其次，对软件所在的系统进行工作结构分解，火箭软件系统为系统顶层，火箭分系统软件系统为分系统层，软件以及功能项为功能层，软件的相关部件和单元为部件/单元层。软件功能层的分解，影响着 SFMEA 的工作量和难度，可根据实际需要，重点考虑安全关键的部件或者单元。约定的层次结构如图 3-28 所示。

最后，根据约定的结构层次进行基于功能、部件、单元的 SFMEA，并针对故障模式提出改进措施。其中，基于功能的 SFMEA 初始约定层次可以定义为火箭系统层（含系统

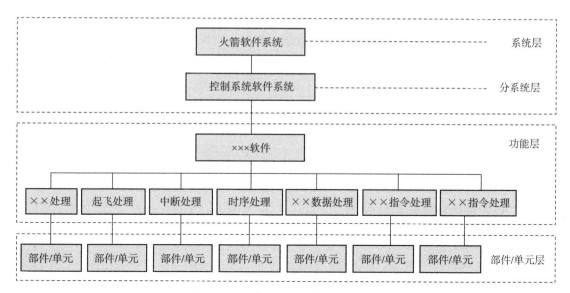

图 3-28　约定的层次结构示意图

层和分系统层）；约定层次为功能层；软件失效模式一般是软件失效的表现，而不是软件失效的后果或者原因，是一种现象。软件失效的原因可能有多种因素，应说明引起失效的直接原因。具体的示例如图 3-29～图 3-31 所示。基于部件/单元的 SFMEA，以软件安全性需求分析以及基于功能的 SFMEA 结果为基础，逐一落实需求阶段提出的各项设计要求和改进措施。同时，根据软件设计说明中细化出的软件部件和单元，针对实现安全关键功能的部件/单元进行软件失效模式及影响分析，并提出改进措施。具体的示例见图 3-24、图 3-32～图 3-34。

×××控制系统×××软件基于功能的SFMEA表

初始约定层次：火箭系统　　　　　　分析人员：张三　　　　　　批　　准：王五
约 定 层 次：软件功能级　　　　　　审　核：李四　　　　　　填表日期：2017年12月10日

编号	功能	失效模式	失效原因	失效影响 局部影响	高一层次影响	最终影响	可能性	严酷度	措施
1.	起飞信号同步	起飞信号不同步	起飞信号和中断冲突	制导、姿控输出不一致，无法数字量三取二	姿控系统失控	任务失败	2	8	1)在起始时刻通过双口RAM进行同步 2)控制器软件对制导和姿控输出不使用数字量三取二，采用取中值的方法 3)在开发方和第三方测试时设计相关用例验证该功能
2.									

图 3-29　基于功能的 SFMEA 示例一

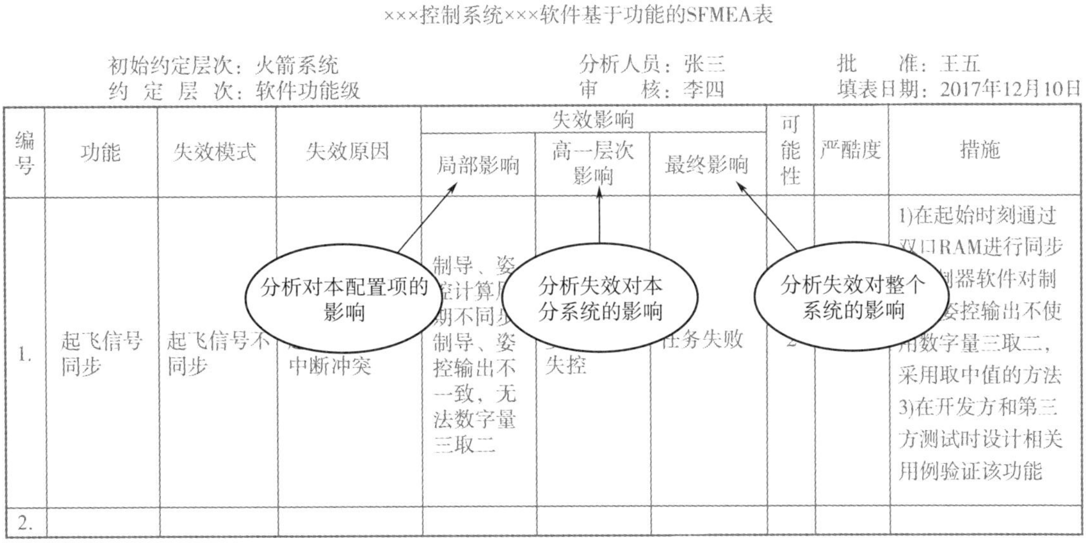

×××控制系统×××软件基于功能的SFMEA表

初始约定层次：火箭系统　　　　　　　　分析人员：张三　　　　　批　　准：王五
约 定 层 次：软件功能级　　　　　　　　审　　核：李四　　　　　填表日期：2017年12月10日

编号	功能	失效模式	失效原因	失效影响			可能性	严酷度	措施
				局部影响	高一层次影响	最终影响			
1.	起飞信号同步	起飞信号不同步	中断冲突	制导、姿控计算周期不同步、制导、姿控输出不一致，无法数字量三取二	失控	任务失败	2		1)在起始时刻通过双口RAM进行同步 2)控制器软件对制导和姿控输出不使用数字量三取二，采用取中值的方法 3)在开发方和第三方测试时设计相关用例验证该功能
2.									

（图中标注：分析对本配置项的影响 → 局部影响；分析失效对本分系统的影响 → 高一层次影响；分析失效对整个系统的影响 → 最终影响）

图 3 - 30　基于功能的 SFMEA 示例二

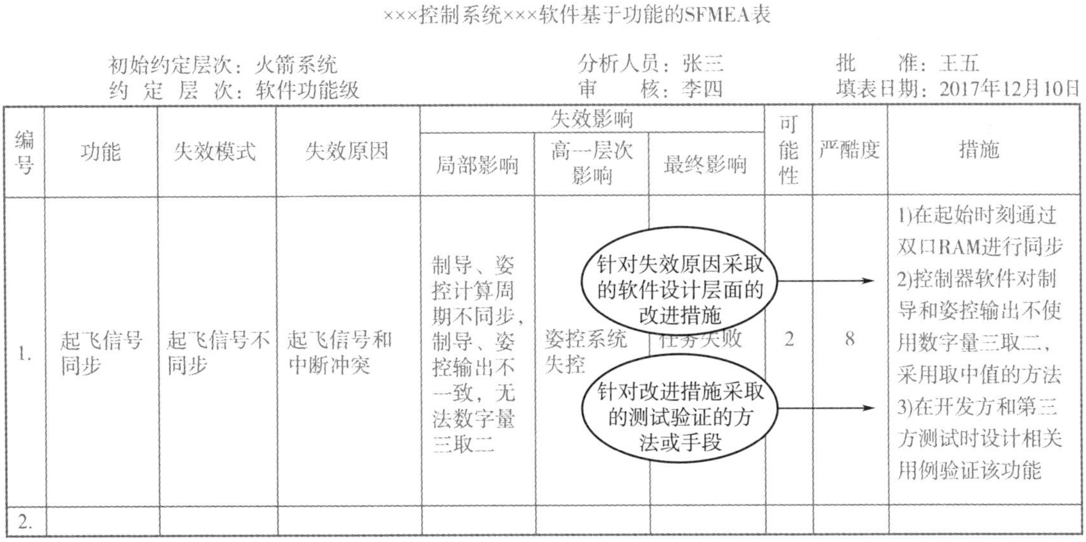

×××控制系统×××软件基于功能的SFMEA表

初始约定层次：火箭系统　　　　　　　　分析人员：张三　　　　　批　　准：王五
约 定 层 次：软件功能级　　　　　　　　审　　核：李四　　　　　填表日期：2017年12月10日

编号	功能	失效模式	失效原因	失效影响			可能性	严酷度	措施
				局部影响	高一层次影响	最终影响			
1.	起飞信号同步	起飞信号不同步	起飞信号和中断冲突	制导、姿控计算周期不同步、制导、姿控输出不一致，无法数字量三取二	姿控系统失控	任务失败	2	8	1)在起始时刻通过双口RAM进行同步 2)控制器软件对制导和姿控输出不使用数字量三取二，采用取中值的方法 3)在开发方和第三方测试时设计相关用例验证该功能
2.									

（图中标注：针对失效原因采取的软件设计层面的改进措施；针对改进措施采取的测试验证的方法或手段 → 措施列）

图 3 - 31　基于功能的 SFMEA 示例三

　　软件失效的局部影响，可分析失效对本软件的影响；高一层次的影响分析失效对火箭子系统层的影响；最终影响分析失效对整个火箭系统层的影响。

　　除针对失效原因采取软件设计层面的改进措施外，还应提出针对改进措施采取的测试验证方法或者手段。

　　在进行基于部件/单元的 SFMEA 时，部件/单元的失效原因应包括使用部件/单元的上下文。进行局部影响分析时，分析失效对本部件/单元的影响；进行高一层次影响分析时，分析失效对本软件的影响；进行最终影响分析时，分析失效对整个系统的影响。

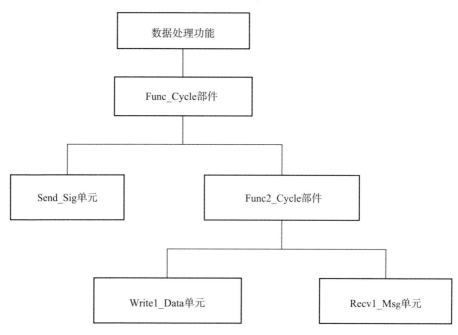

图 3-32　安全关键部件的组织结构图示例

×××控制系统×××软件基于部件/单元的SFMEA表

初始约定层次：火箭　　　　　　　　分析人员：×××　　　　　　批　准：×××
约 定 层 次：软件部件/单元级　　　　审　核：×××　　　　　　填表日期：2017年11月20日

编号	功能	部件/单元	失效模式	失效原因	失效影响			可能性	严酷度	改进措施
					局部影响	高一层次影响	最终影响			
1.	数据处理功能	Func_Cycle		状态错误或者析错误，行执行	不能录取到数据，或者不能将数据写入	本软件不能向飞行控制软件输出数据	任务失败或者火箭入轨精度差	3	8	1)热备份工作，发现主软件跑飞后，备份切换为主；2)对中断处理模块进行专题设计以及中断分析
				没有调用子部件进行数据处理				3	8	详细设计本部件的逻辑，确保设计、实现正确
2.		Func2_Cycle	录取数据失败	没有调用总线控制模块	不能录取到数据	本软件不能向飞行控制软件输出数据	任务失败或者火箭入轨精度差	3	7	详细设计本部件的逻辑，确保设计、实现正确
			转发数据失败	没有调用双口RAM输出模块输出数据	不能向双口RAM写入数据					

（图中圆圈批注）部件的失效原因应该包括使用部件的上下文

图 3-33　基于部件/单元的 SFMEA 示例一

×××控制系统×××软件基于部件/单元的SFMEA表

初始约定层次：火箭　　　　　　　分析人员：×××　　　　批　　准：×××
约　定　层　次：软件部件/单元级　审　核：×××　　　　填表日期：2017年11月20日

编号	功能	部件/单元	失效模式	失效原因	失效影响			可能性	严酷度	改进措施
					局部影响	高一层次影响	最终影响			
1.	数据处理功能	Func_Cycle	数据处理失败	运行状态...2017...号	不能录取到数据或者不能...数据	本软件不能向飞行...号	任务失败或者火箭...度基			1)备份工...主软...备...为主；2)对中断处理模块进行专题设计以及中断分析
				没有调用子部件进行数据处理				3	8	详细设计本部件的逻辑，确保设计、实现正确
2.		Func2_Cycle	录取数据失败	没有调用总线控制模块	不能录取到数据	本软件不能向飞行控制软件输出数据	任务失败或者火箭入轨精度差	3	7	详细设计本部件的逻辑，确保设计、实现正确
			转发数据失败	没有调用双口RAM输出模块输出数据	不能向双口RAM写入数据					

（图中标注：分析失效对本部件或单元的影响；分析失效对本配置项的影响；分析失效对整个系统的影响）

图 3-34　基于部件/单元的 SFMEA 示例二

3.4　小结

载人航天运载火箭型号系统安全性要求高，需要开展系统的软件安全性分析与设计工作。型号通过基于时序事件链的软件系统安全性分析方法，自顶向下进行分析，使安全性分析工作系统、全面。

第 4 章 载人航天运载火箭软件系统风险控制

4.1 概述

软件风险管理与控制是软件项目管理的重要内容，在进行软件项目风险管理时，要辨识风险，评估它们出现的概率及产生的影响，然后建立一个计划来管理风险。风险管理的主要目标是预防风险。一般意义上的软件项目风险主要指进度、成本、技术、人力等影响项目计划实现的因素，这些因素在软件过程管理中得到了充分的关注，本书仅涉及载人航天运载火箭在软件技术风险方面采取的控制方法与措施。

航天型号是高风险项目，历来十分重视风险分析与控制。技术风险是指造成型号技术指标不能满足要求，危害型号任务目标实现或导致型号任务失利的不确定性，一般用发生可能性和后果严重性综合度量。技术风险分析与控制要按照预定的程序，采用一定的技术方法，识别型号技术风险项目，在分析风险可能性与严重性的基础上确定风险综合等级，进而采取必要的应对措施，并随着型号研制工作的深入开展，将风险消除或降低到可接受的水平。

载人航天运载火箭在软件研制过程中，充分总结组织积累的相关领域通用风险源，并应用到型号的风险源识别。采用风险树的方法从全箭软件系统的顶层开始分析，逐步分解到分系统的软件配置项，主要根据软件初步危险分析以及软件系统安全性分析的结果，识别可能存在风险的软件配置项，将影响型号任务的危险事件作为特定风险源进行识别。根据风险的可能性与严重性进行风险等级评价，并针对中等及以上的高风险采取专门的预防措施，确保型号任务不带入任何高风险项目。

4.2 软件风险等级评价[13]

风险等级代表风险的程度，是实现风险定量管理的依据。确定风险等级一般遵循以下步骤：

1）确定风险发生概率；

2）确定风险严重程度；

3）确定风险等级。

4.2.1 确定风险发生概率

风险发生概率的确定主要根据风险发生的可能性，风险发生可能性等级分类见表 4-1。

表 4 - 1　风险发生可能性等级分类

程度	等级	风险可能性程度表达	工程实践参考
极少	a	定量：几乎不发生，发生概率 $p<0.01\%$； 定性：很不可能发生，可以认为不会发生	该风险在系统级和单机级试验过程中从未出现过
很少	b	定量：很少发生，发生概率 $0.01\%\leqslant p<0.1\%$； 定性：在寿命期内不易发生，但有可能	该风险在系统级试验过程中曾出现过，但已归零且经过 6 发以上的飞行试验验证；存在新技术，地面试验验证充分
少	c	定量：偶尔发生，发生概率 $0.1\%\leqslant p<1\%$； 定性：在寿命期内可能有时发生	该风险在系统级试验过程中曾发生过 1 次以上，但已归零且软件产品交付后从未发生过；存在新技术，地面试验验证不完全
可能	d	定量：频繁发生，发生概率 $1\%\leqslant p<10\%$； 定性：在寿命期内出现若干次	该风险在系统级试验过程中曾发生过但未彻底归零
很可能	e	定量：很可能发生，发生概率 $p\geqslant10\%$； 定性：频繁发生	该风险在系统级试验过程中曾出现过 2 次以上但未彻底归零

4.2.2　确定风险严重程度

风险发生后对型号任务有着不同程度的影响，载人航天软件风险严重性等级分类见表4 - 2。

表 4 - 2　风险严重性等级分类

程度	等级	风险严重性程度描述
轻微	A	1）不影响飞行任务目标实现； 2）没有出现人员伤害情况
轻度	B	1）不影响飞行任务绝大部分目标的实现，仅影响少量次要目标； 2）系统次要功能丧失且可以立即修复，或者有冗余措施； 3）无人员受到伤害
中等	C	1）不影响飞行试验主要目的实现； 2）系统轻度损坏或主要功能丧失但可以修复，不影响飞行试验成功； 3）人员受到轻度伤害
严重	D	1）飞行试验未达到主要方案性验证试验目的； 2）主要飞行性能指标不能实现； 3）影响任务转场、发射窗口推迟等重大节点； 4）飞行试验部分完成或仅达到部分任务目标，且未达到的目标是任务的主要考核目标； 5）分系统或重要技术方案出现重大错误； 6）系统毁坏或主要功能丧失且无法修复； 7）人员受到严重伤害

续表

程度	等级	风险严重性程度描述
灾难	E	1）任务失利； 2）飞行性能指标不能实现； 3）飞行试验任务无法完成或达不到任务目标； 4）总体技术方案出现重大错误； 5）系统严重毁坏或全部功能丧失且无法修复； 6）人员死亡

4.2.3　确定风险等级

根据风险发生概率和风险严重程度形成风险综合评价矩阵（表 4 - 3），最终确定风险综合等级（表 4 - 4），其中Ⅲ级以上的高风险为不允许的风险，必须采取相应的措施以缓解风险。

表 4 - 3　风险综合评价矩阵

可能性等级 ＼ 严重性等级	A（轻微）	B（轻度）	C（中等）	D（严重）	E（灾难）
e（频繁）	Ae	Be	Ce	De	Ee
d（可能）	Ad	Bd	Cd	Dd	Ed
c（偶然）	Ac	Bc	Cc	Dc	Ec
b（很少）	Ab	Bb	Cb	Db	Eb
a（几乎不发生）	Aa	Ba	Ca	Da	Ea

表 4 - 4　风险综合等级

程度	综合等级	风险综合评价指数	备注
极低	Ⅰ	Aa、Ab、Ac、Ba、Bb、Ca	低风险
低	Ⅱ	Ad、Bc、Cb	
中等	Ⅲ	Ae、Bd、Be、Db、Dc、Cc、Cd、Da、Ea、Eb	中风险
高	Ⅳ	Ce、Dd、Ec	高风险
极高	Ⅴ	De、Ed、Ee	

4.3　软件风险源识别

风险源是软件研制过程中造成风险的基本因素，因此风险识别主要从识别风险源开始。软件风险源可以分为两类，其中一类为通用风险源，特定的应用领域或类似的项目常常会有一些共同的技术风险，通过组织的不断积累形成领域内通用的风险源，供组织内所有软件开发人员使用。另一类为特定风险源，针对型号软件的具体应用来识别型号特有的技术风险，这类风险源的识别主要采用系统初步危险分析、风险树分析等方法。

4.3.1　通用风险源[13]

4.3.1.1　软件开发过程风险

（1）需求风险

1）需求不完整。

2）需求存在歧义。

3）技术状态不稳定或需求发生重大变化。

4）需求理解偏差。

5）缺少异常情况处理要求。

6）安全需求出现缺漏。

7）需求评审不到位。

（2）环境风险

1）宿主机资源不足。

2）宿主机缺陷。

3）操作系统风险。

4）开发环境风险。

5）共享软件风险。

（3）设计风险

1）架构风险。

2）接口风险。

3）编程不规范。

4）重用风险。

5）资源冲突。

6）依据文件或输出文件不准确。

4.3.1.2　软件测试过程风险

（1）测试需求风险

1）测试需求不明确。

2）被测软件状态不稳定。

3）对被测对象理解有偏差。

（2）测试环境风险

1）测试资源能力不足。

2）测试环境存在差异。

3）测试工具不到位。

4）测试工具存在缺陷。

（3）测试设计风险

1）测试设计覆盖不全。

2）测试影响域分析不到位。

3）测试用例设计缺陷。

（4）测试执行风险

1）测试用例出现执行错误。

2）测试执行不充分。

（5）数据分析风险

1）测试结果的关联数据采集不全。

2）测试结果数据出现错判、漏判、误判。

3）测试过程数据未及时受控。

4.3.1.3　软件生产保管及交付过程风险

1）存储介质风险。

2）生产设备风险。

3）生产操作风险。

4）产品检验风险。

5）保管交付风险。

4.3.1.4　软件运行维护过程风险

1）环境风险。

2）更改风险。

4.3.2　特定风险源

系统初步危险分析是软件开展特定风险源识别的前提和基础。通过系统的初步危险分析，列出系统所有的潜在危险，得出不期望发生的顶事件，即风险的顶事件，一般型号针对每个顶事件建立风险树，通过自上而下的层层传递和层层分级，识别出所有的风险源。而载人航天火箭系统在特定风险源识别时，充分借鉴了第 3 章中软件系统安全性分析的结果，从软件系统到分系统、配置项一直到每一项安全关键功能，都识别为特定风险源，并开展风险分析工作。

4.4　软件风险分析

在初步危险分析和软件系统安全性分析的基础上，梳理出全箭所有的安全关键软件，需要每个软件从通用风险源和与其相关的特定风险源两个层面进行风险分析，关键软件配置项清单见表 4 - 5。

表 4 - 5　关键软件配置项清单

序号	软件名称	承制单位	关键等级	分系统名称
1	控制软件 1	×××	A	控制系统
2	控制软件 2	×××	A	控制系统
3	...	...	...	...
4	控制软件 N	×××	C	发射支持系统

4.4.1　通用风险分析

以某控制软件为例，首先进行通用风险源的梳理，其通用风险分析示例见表 4 - 6。

表 4 - 6　某控制软件通用风险分析示例

序号	风险类别	风险源	产生原因	严重性	可能性	综合评价（风险等级）
1	通用风险	需求风险	技术状态不稳定或需求发生重大变化：如全箭振动试验后可能需要更改姿控设计参数	A	e	Ⅲ
2	通用风险	需求风险	异常情况处理要求不完善； 安全需求存在缺陷	E	b	Ⅲ
3	通用风险	环境风险	宿主机缺陷：箭机芯片可能存在 CPU 指令集组合异常缺陷	E	a	Ⅲ
4	通用风险	设计风险	接口风险：接口异常处理不完善、接口时序不匹配，存在风险； 资源冲突：飞行软件采用多任务处理，多任务共享设备、共享变量等临界资源存在冲突的风险	E	a	Ⅲ
5	通用风险	测试需求风险	测试需求不明确，对被测对象理解有偏差	B	d	Ⅲ
6	通用风险	测试环境风险	测试资源能力不足，测试环境与目标环境存在差异	B	d	Ⅲ
7	通用风险	测试设计风险	测试设计覆盖不全； 测试影响域分析不到位； 测试用例设计缺陷	B	c	Ⅱ
8	通用风险	数据分析风险	测试结果的关联数据采集不全； 测试结果数据的错判、漏判、误判； 测试过程数据未及时受控	B	c	Ⅱ
9	通用风险	软件生产保管及交付过程风险	存储介质风险； 生产设备风险； 生产操作风险； 产品检验风险	E	a	Ⅲ
10	通用风险	软件运行维护过程风险	更改风险：第三方测试及复查提出问题后，因需要修改造成的风险	A	c	Ⅰ

4.4.2　特定风险分析

对于特定风险分析主要结合软件系统安全性分析中梳理出的危险事件，作为每个配置项分析与之相关的特定风险源，软件系统关键时序及危险事件示例见表 4 - 7。

表 4 - 7　软件系统关键时序及危险事件示例

序号	主要飞行事件	危险事件	所属分系统	涉及软件
1	点火前控制	诸元装定异常	控制系统	控制软件、测控软件
2	飞行过程	惯组采样功能异常	控制系统	…
3	…	…	…	…
4	飞行过程	火箭误炸、漏炸；测量系统自毁机构误动作	测量系统	…

以控制软件为例，给出最终的特定风险源分析表格式，见表 4 - 8。

表 4 - 8　特定风险源分析示例

序号	风险类别	风险源	产生原因	严重性	可能性	综合评价
1	特定风险	诸元装定异常	通信链路故障、飞行控制软件转发诸元故障	D	b	Ⅲ
2	特定风险	惯组故障	惯组数据采样错误、惯组数据使用错误	E	a	Ⅲ
3	…	…	…	…	…	…
4	特定风险	控制系统误发炸毁火箭指令	误发安全自毁指令、发送自毁控制指令失败	E	a	Ⅲ

4.5　软件风险应对措施

针对表 4 - 8 中分析出的风险等级在Ⅲ级及以上的软件配置项详细说明风险应对的措施。主要包括通过严格按照软件工程化要求开展软件研制工作，在软件研制全生命周期开展软件安全性和可靠性分析、设计与验证工作。

4.5.1　依据软件安全等级进行技术风险管理[13]

根据软件失效造成的危害，软件的安全等级划分为 A、B、C、D，针对不同的安全等级，对技术风险进行不同程度的管理，严格按照研制阶段实施全过程质量管理和技术状态控制。主要应对措施包括：在软件研制过程中，从软件任务书、软件需求说明、软件设计、软件实现到软件测试各阶段的软件文档，按照不同的级别进行逐项同行评审；在软件实现后进行单元测试、组装成测试、配置项测试、系统测试等全面测试验证，安全关键软件交付前须经过独立的第三方测评；在软件研制过程中开展软件代码审查工作，成立专门的代码审查小组对软件源代码实施代码审查；在软件交付前，开展软件设计专项复查，从软件功能、性能、接口、工作时序、异常处理、中断使用、软件测试验证覆盖性、软件安全性工具检查、软件运行平台等方面开展复查和复核、复算工作，确保软件设计质量，消除技术风险。针对不同的软件安全等级，各项工作开展的要求存在差别，其中 A、B 级软件要求较高，C、D 级软件部分工作可进行剪裁或降低要求。

4.5.2　针对风险特点开展软件可靠性与安全性设计

在软件研制的全过程中，针对不同的技术风险，使用多种可靠性、安全性的分析与设计方法，提高软件产品质量。在软件任务提出之初，对软件进行初步危险分析，并以此为依据确定软件的安全性关键等级；在进行初步危险事件分析的基础上，开展软件故障树分析，并针对每一类故障自顶向下分析可能的故障模式，进行有针对性的检错、避错、容错和纠错可靠性措施设计；同时对每一个失效模式，进行软件失效模式及影响分析，自底向上分析每类失效模式的影响，并提出解决方案；所有分析的结果用于指导软件设计工作，同时在后续的测试工作中对提出的可靠性、安全性措施进行验证，确保软件产品的可靠性和安全性[13]。

表 4-9 和表 4-10 分别给出了飞行控制软件针对通用风险源和特定风险源采取相应的预防措施，在采取措施后，各风险源的综合评价指数有不同程度的下降，直至降低到可以接受的水平。可以看到，示例中的风险综合评价指数由Ⅲ级降低到Ⅱ级以下。

表 4-9　飞行控制软件通用风险控制措施示例表

序号	风险类别	风险源	风险产生原因	预防措施	采取措施后，风险综合评价		
					严重性	可能性	风险等级
1	通用风险	需求风险	技术状态不稳定或需求发生重大变化	参数设计为诸元形式，提前准备多套诸元并进行测试，当参数更改时，无需更改控制软件代码，只需选定一套诸元进行装定	A	b	Ⅰ
2	通用风险	需求风险	异常情况处理要求不完善；安全需求存在缺陷	加强可靠性、安全性设计，并通过软件测试、系统冗余试验、代码走查、复查进行验证	C	b	Ⅱ
3	通用风险	环境风险	宿主机缺陷；箭机芯片可能存在 CPU 指令组合异常	1）对编译器进行指令集组合测试；2）针对目前处理器厂商公布的缺陷，采取规避措施	C	a	Ⅰ

续表

序号	风险类别	风险源	风险产生原因	预防措施	采取措施后，风险综合评价		
					严重性	可能性	风险等级
4	通用风险	设计风险	接口风险：接口异常处理不完善、接口时序不匹配； 资源冲突：控制软件采用多任务处理时，多任务共享设备、共享变量等临界资源存在冲突的风险	按照规范开展接口设计与多任务设计； 对多任务之间的共享设备及变量进行冲突分析，进行代码走查以及专项复查，使用专用工具进行测试，提前发现缺陷	C	a	I
5	通用风险	测试需求风险	测试需求不明确； 对被测对象理解有偏差	加强测试用例、测试需求的评审； 对任务书、需求评审时，应请测试人员参加	B	b	I
6	通用风险	测试环境风险	测试资源能力不足； 测试环境与目标环境差异	分析测试环境与真实环境的差异性，对无法模拟测试环境的相关功能进行审查分析，涉及性能等指标的测试在真实环境中进行	B	b	I
7	通用风险	测试设计风险	测试设计覆盖不全； 测试影响域分析不到位； 测试用例设计缺陷	使用适宜的方法进行测试用例设计； 加强测试用例设计评审	B	b	I
8	通用风险	数据分析风险	测试结果的关联数据采集不全； 测试结果数据的错判、漏判、误判； 测试过程数据未及时受控	除使用数据自动判读软件进行判读分析外，还进行人工判读分析	B	c	II
9	通用风险	软件生产保管交付过程风险	存储介质风险； 生产设备风险； 生产操作风险； 产品检验风险	1) 软件生产采用双岗，对生产之后的产品进行比对； 2) 程序、数据以及诸元文件增加CRC校验以及文件长度信息，上传使用前进行CRC校验和长度比对	C	a	I
10	通用风险	软件运行维护过程风险	更改风险：第三方测试及复查时，提出问题需要修改造成的风险	针对软件可能的更改，加强软件技术状态变化及对更改影响的分析、评审、验证	A	b	I

表 4 - 10　飞行控制软件特定风险控制措施示例表

序号	风险类别	风险源	预防措施	采取措施后，风险综合评价		
				严重性	可能性	风险等级
1	特定风险	诸元装定异常	对从地面接收的诸元长度、诸元数据进行合理性判别，转发诸元需回读并发送地面进行逐字节比对	C	a	I
2	特定风险	惯组故障	1553B 采样数据均进行 CRC 校验；每个 CPU 采集总线上对应的惯组数据，经三机交换后得到三套惯组数据；对三套惯组数据经过故障判别，使用表决后的惯组数据进行导航、制导、姿态控制等计算	C	a	I
3	…	…	…	…	…	…
4	特定风险	控制系统误发炸毁火箭的指令	计算箭体姿态角偏差在超出门限时发出姿态自毁信号	C	a	I

4.6　小结

　　载人航天运载火箭软件风险分析从识别领域通用风险源和型号特定风险源开始，风险源的识别应充分借鉴航天型号以往的历史经验，以及型号软件系统安全性分析的结果。应针对安全关键软件可能存在的各类风险进行分析，确定风险发生的概率、严重程度、风险等级，在此基础上进行风险综合评价。对高风险级别的关键功能采取相应的预防措施，并对采取措施后的风险进行再评估，直至风险到达可接受的范围，确保软件产品不带高风险项目参与飞行试验。

第 5 章　载人航天运载火箭软件重用

5.1　概述

随着载人航天工程软件研制工作的不断深入，载人航天运载火箭软件系统的规模和复杂度大幅度提高，软件研制面临着质量和进度的双重压力，软件重用是解决这个突出问题的一个有效手段，它可以提高软件研制的质量和效率，达到便于维护、降低成本的目的。

软件重用是软件产品化研制的主要技术环节。在载人航天工程相同或相似应用领域的很多新研软件系统中，大部分的内容是可继承的，只有小部分内容是新研的。软件系统继承的成分越高，软件研制的难度系数就会越低。软件重用技术，不仅可以在代码开发阶段，还可以在需求分析阶段、设计阶段及测试阶段得到应用，以节省开销[9]。同时，除常用的软件构件重用外，对软件架构或者软件产品整体进行重用，对整个软件系统质量和效率的提高效果更加明显[10]。另外，利用可重用软件可以快速有效地构造出应用程序的原型，更好地支持快速原型的开发方法，提前验证关键技术。总之，合理重用可以简化软件开发过程，从而减少总的开发工作量与维护代价，同时重用软件须经过规范和系统的产品验证过程，使其自身具有较高的质量，才能满足系统的质量要求。

载人航天运载火箭不同型号之间在软件研制上均具有共同的特点，型号间相同领域软件有大量共性功能，如飞行器控制系统的制导、姿态控制、通信、数据管理、故障防护等功能，不同型号的软件需求在实现细节上虽然各不相同，但这些通用功能之间的关联关系基本相同。通过事先建立可重用软件需求、架构或单元，可提高后续具体型号软件开发起点，达到降低成本、缩短研发周期的目的。目前，载人航天运载火箭和其他型号火箭已经在多年的研制过程中积累了大量的经验，科学地推行软件重用工作，可以为载人航天运载火箭软件研制服务。

推动重用软件的开发和应用，需要在管理层面上对原有岗位结构、接口、流程进行优化调整，建立面向重用的研发管理模式，规划利于软件重用的标准及制度体系，同时通过分析各载人航天运载火箭领域软件共性的需求，提出软件重用产品体系规划的基本要求，建立可重用软件产品树。

载人航天运载火箭软件重用的技术活动主要是依据软件产品重用技术，开展一系列软件工程活动，包括开发具有最大重用潜力的可重用软件，对可重用软件生命周期中的需求分析、概要设计、详细设计与实现、质量保证与测试以及文档等方面进行约束，定义可重用软件产品的开发和使用要求。可重用软件应该以方便重用的方式被表示，易于识别和独立提取；通过标准约束，在部门内部采用规范的方法标识软件需求分析和设计产品，以便进行自动信息提取和转换。从分析到设计再到编码的转换，应该遵循上一阶段的重用考虑，同时保持相邻阶段可重用软件产品之间具备良好的映射和可跟踪性质[9]。

5.2　载人航天运载火箭软件重用的工作内容和实践

载人航天运载火箭软件产品重用工作按照"标准建设先行、专业队伍与全员参与相结合、重用产品与平台建设相结合、严格要求、循序渐进"的总体思路开展，如图 5-1 所示。

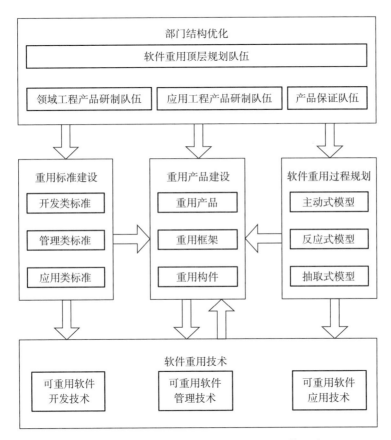

图 5-1　基于软件重用的软件研制模式总体思路

载人航天运载火箭软件重用工作包括部门结构优化、重用标准建设、重用产品建设、软件重用过程规划和软件重用技术五个部分。

部门结构优化是建立适合软件重用研制模式的部门，并定义主要岗位及职责；重用标准建设定义了软件重用实施的目标和指导性文件；软件重用过程规划定义了重用产品研制的模型，以及各阶段研制的基本步骤；软件重用技术规定了可重用软件的研制、应用、重用库管理要求。然后依据规划、标准、可重用软件开发技术开发重用产品，服务于载人航天型号软件开发。

在实践过程中，载人航天运载火箭根据型号软件类型及特点规划重用产品并逐步建立可重用构件、框架、产品三种级别的软件重用资源；改变以往研制流程，将"从无到有""从零开始"的型号软件研制模式，向通过组装重用构件、扩展重用框架、定制可重用产品的方式开发型号软件产品的高效研制模式转变。

5.2.1　部门结构优化

组建适合软件重用研制的组织结构有两种方式，即集中式和分布式[11]。

集中式是指在单位中成立一个专门部门负责可重用软件开发、发布和维护工作，并提供相关培训。这个部门应具备较强的领域核心专业知识，保证与该领域相关的可重用软件能在应用项目中得到共享。此方式一般是从应用软件产品开发项目中抽调专家，需要获得单位管理层的授权[11]。

分布式则依靠不同项目间人员的协作来完成，可重用软件的开发和相关技术支持工作，由多个应用项目人员承担，可重用软件开发的花销分摊到多个项目上。

在软件重用工作中建立如图 5-2 所示的四类队伍，不同队伍中的各岗位可按照本单位的软件工程化需求决定。图中所示的领域产品对应了可重用软件的各个级别，软件重用顶层规划队伍负责可重用软件树的建设和研制过程的定义，领域工程产品研制队伍负责可重用软件的具体开发工作。

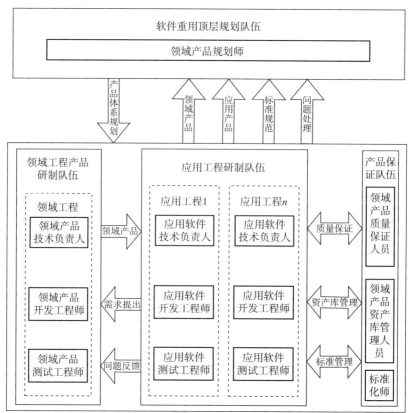

图 5-2　部门和人员结构关系图

需要配置的岗位和职责分配情况如下：

1）软件重用顶层规划队伍。主要由领域产品规划师组成，对本单位的软件重用工作实行全面管理，负责制定本单位领域产品规划和过程规划，提出本单位开展软件重用工作的一般要求。

2）领域工程产品研制队伍。主要由领域产品技术负责人、领域产品开发工程师和领域产品测试工程师组成，负责本领域可重用软件的研制工作。包括开展领域分析，建立领域软件产品型谱；识别领域产品需求，进行领域建模；进行可重用软件的设计和实现；负责制定测试策略，实施可重用软件的测试工作；编制软件文档；维护可重用软件等。

3）应用工程产品研制队伍。主要由应用软件技术负责人、应用软件开发工程师和应用软件测试工程师组成，负责具体型号应用软件的研制工作。包括从领域工程的产品中分析、评估、选取可重用软件；向领域工程产品研制队伍反馈可重用软件使用过程中的问题；根据领域测试策略，利用可重用测试资源，结合具体型号的要求，对整个应用软件进行测试；实施应用软件单元测试、集成测试、配置项测试和系统测试。

4）产品保证队伍。主要由领域产品质量保证人员、可重用软件库管理人员和标准化师组成，负责可重用软件的质量管理和产品保证工作。包括实施可重用软件的配置管理；收集、统计、发布可重用软件的使用和需求情况；对可重用软件研制过程实施质量监督；组织领域工程中各阶段的评审活动；组织应用工程中对可重用软件使用的专项评审；组织可重用软件的使用培训。

各岗位的接口关系如图 5 - 3 所示。

5.2.2　重用过程规划

可重用软件产品的研制过程一般采用三种模型，即主动式模型、反应式模型、抽取式模型。在主动式模型中，需要为领域产品的研发预先投入，并使用这些领域产品进行型号开发。虽然这种方式对于某些成熟和稳定领域（产品特性可预测）中的产品比较高效，但人员和经费预先投入较高。

如果初始投资（包括人员投入）不足，则可采用反应式模型。反应式模型只有在有确切的重用机会时才开始开发重用软件。这个方法在产品特性不能事先预测的领域比较合适。虽然不需要太大的先期投入，但是要使用可重用软件进行软件重构的花销很大，因为它往往没有事先规划一个公共架构作为开发基础。

另一种方法是抽取式模型，它重用一个或多个已有型号的应用软件，作为领域软件产品的初始基线。当在某领域拥有很多开发经验和各种成果，并希望迅速从传统开发模式转变成产品模式时采用，这种方法在当前的研制单位中使用比较普遍。抽取式重用软件的来源，除主动开发重用软件外，也可以利用过去的型号应用软件，拓展甚至超越当前型号软件需求以达到重用的目的。由于采用了重用方式，需要调整原有软件文档，以再次构建重用性更强的软件。

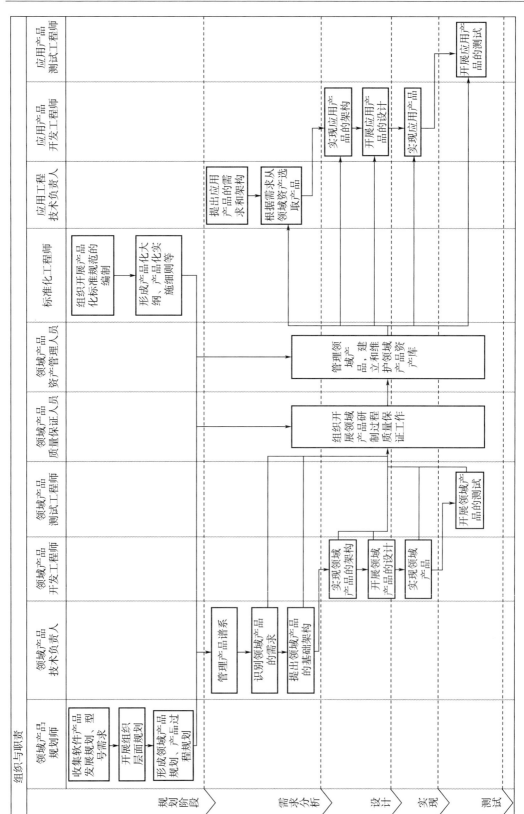

图 5-3 岗位及职责示意图

可重用软件的开发和使用往往并行运作，两个开发过程互不耦合，但会相互影响。可重用软件的目标应该能够满足应用工程实现的目标。为了最大化领域产品的重用水平，它们要提供大多数软件可以预见的特性或功能，提升应用软件的开发效率。另外，应该不断思考应用工程的新需求，判定是否应该纳入产品中。领域产品的开发者和应用产品开发者需要紧密合作，避免两者的特征发生偏差。这两者开发过程相似，只是领域产品开发着重创建可重用的元素、模板或框架；应用产品开发则是使用并完善这些元素和模板来构建实际型号应用软件。软件重用必须描述可变性，以及这些可变性如何配置，这一点是与应用产品最显著的差别。

可重用软件的研制过程是围绕软件产品重用技术开展的一系列软件工程的活动，包含需求分析、设计和测试阶段等主要过程，如图 5 - 4 所示[10]。

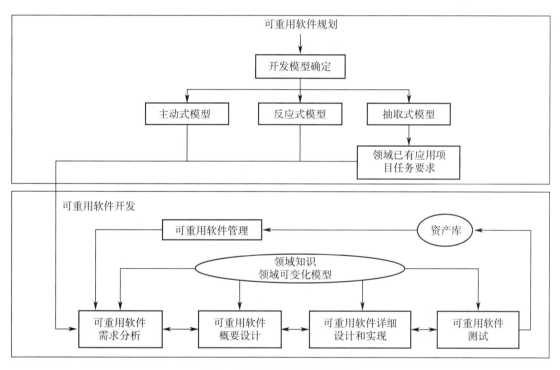

图 5 - 4　可重用软件研制过程

5.2.3　重用标准建设

软件重用标准体系一般可由开发类标准、管理类标准和应用类标准三部分构成，为软件重用工作提供全方位的指导，以运载火箭控制系统为例，如图 5 - 5 所示。开发类标准包括各类重用产品编码命名规范、设计及文档编制规范以及针对关键功能（如通信协议）设计方法的技术要求；管理类标准规定了重用产品开发、质量保证及重用库管理过程的相关要求，包括重用产品开发流程、重用工作相关人员职责、重用产品出入库及更改流程、重用产品评价方法等内容；应用类标准提出了在型号软件研制各个阶段对重用产品进行应用的要求和方法，同时涉及针对重用要求对原有软件过程文档规范的修订。

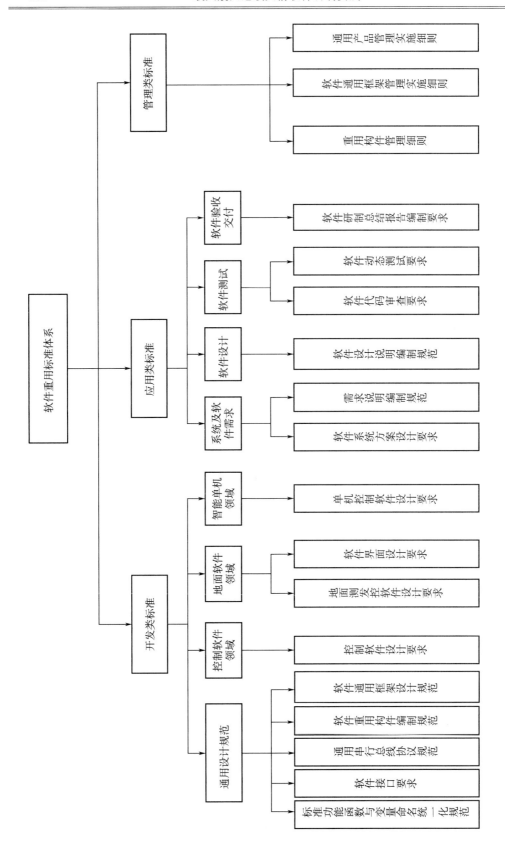

图 5 - 5　火箭控制系统软件重用标准示例

5.2.4　重用产品建设

重用产品建设可以按照由底向上的原则逐步完善,对于嵌入式软件,把重用软件框架和重用软件单元作为前期建设的重点,逐步向重用软件配置项研制过渡。非嵌入式软件考虑的层次相对高一些,直接开发重用软件框架或配置项,从而起到更好的重用效果。

重用产品建设的过程是首先提出领域产品,根据型号以及未来领域软件的发展需求,结合当前型号应用软件的需求,提出领域软件产品集合。然后选取领域产品,评估领域产品的可行性条件、性能条件、应用条件等,最终,建立适应其领域产品化整体需求的领域软件产品树。我们把载人航天运载火箭的软件分成系统(含分系统)、单机两个层次,每个层次上再细分领域,对每个领域产品从重用粒度和特征两个方面进行定义。产品的重用粒度可以是配置项、框架、模块三个级别。在特征描述中要说明其通用性和可变性,对于每类领域软件产品,尽量能有针对性地建立或选取一个独立的软件平台,为持续进行产品开发和升级提供基础。

在载人航天运载火箭型号软件产品系列中,按其实现形式、功能完整性等方面存在的差异,可分为重用构件、重用框架及重用产品,而基于重用软件的型号,应用软件开发也相应要进行组装重用构件、扩展重用框架和定制重用产品三种方式的活动。

以载人航天运载火箭控制系统软件重用产品为例,说明其系列划分的方法。控制系统重用产品主要划分为箭上飞控软件和地面测发控软件两大系列,通过对不同软件的功能特点和型号间需求差异的分析,确定了软件的重用方式,并规划了控制系统软件重用产品的体系结构,如图 5 - 6 所示。

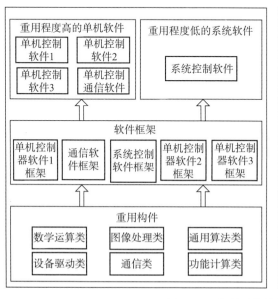
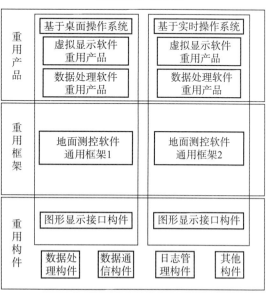

图 5 - 6　控制系统软件重用产品结构示例

运载火箭完成了构件级、框架级和产品级的重用软件库的建设工作，通过不断扩充和完善，目前已包括构件级产品、框架级产品和配置项级产品，满足了飞行控制类软件和测发控类软件研发中重要共性基础功能的重用要求。

可重用软件按照"开发→代码走查→静态分析→安全性检查→测试"闭环迭代流程进行研制，并利用可重用软件库控制中间状态和最终状态，目前可重用软件已广泛应用到全部在研型号中，为提高软件研制效率起到了显著的作用。

箭上重用产品是从开发软件构件起步，软件构件开发和测试过程经过严格的质量控制，同时进行规范的配置管理。部分构件数据包示例如图 5 - 7 所示。在重用构件基础上，进行软件重用框架的设计和应用。

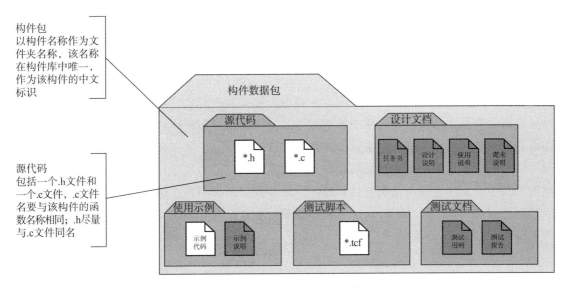

图 5 - 7　软件构件数据包示例

地面测发控软件也在重用软件库的基础上开展了重用工作，完成了地面软件通用框架的设计和开发。通用框架采用面向对象的设计方法，将各型号中对于地面软件的共性功能需求提取为框架部分，覆盖测试流程控制、测试数据存储、界面交互、通信协议等；对于功能需求差异部分（主要为设备控制方式和数据处理算法），框架将这部分功能抽象为设备控制器对象并提供一套统一的扩展接口，用户可以通过实现这组接口，派生特有的设备控制器来对框架进行扩展，从而实现完整的主控软件功能。通用框架的开发实现了 70% 以上的设计和代码重用，在新一代载人运载火箭型号的应用中起到了明显的效果。

5.3　载人航天运载火箭可重用软件开发的技术方法和实践

可重用软件研制的主要关键点在于领域分析：根据应用领域的特征和相似性，分析软件构件的可重用性，从而界定并构建可重用软件。

可重用软件开发的需求分析、设计、实现和测试的各个阶段都可以产生相应的可重用软件产品。实施过程需要按照载人航天的标准执行，主要阶段包括需求分析、设计、实现、测试等。

1）需求分析阶段的主要目标是分析相关领域可重用软件的需求，分析可重用软件的通用性和可变性，最终建立可变性模型。

2）概要设计阶段的主要目标是将需求阶段分析的通用性和可变性分解到高层设计，并形成可重用框架、构件及接口。

3）详细设计和实现阶段的主要目标是根据可重用架构，完成可重用单元的详细设计，并进行软件编程、调试，开展静态分析、代码审查和单元测试。

4）测试阶段的主要目标是验证前期各个阶段的输出是否满足要求。其中，单元测试需对可重用软件的每个可变点实例都分别构建，并作为被测单元，与型号应用软件一样进行测试，同时完成静态分析和代码审查；集成测试对已实现的构件执行交互性测试；配置项测试应配合应用需求并参照可重用软件的说明，定义具体的实例配置，相当于执行一个虚构的型号应用软件后再进行测试。

下面以可重用地面测试软件为实例，说明可重用软件的开发过程。

5.3.1　可重用软件的需求分析

某型测试软件（以下简称"测试软件"）是运载火箭软件中不可缺少的组成部分，其主要功能是根据接收自测发控系统的不同测试命令，执行相应的测试项目，完成对系统内各单机间接口功能和性能的测试。下面以此为例说明可重用测试软件开发的技术方法和实践。

由于各型号之间系统架构和方案设计存在差异，导致各型号测试软件的程序架构、接口定义、设计风格、采取的可靠性及安全性措施存在差异。新的开发人员熟悉此类软件需要一定的时间，从而对型号研制进度造成影响，且容易出现各种问题；而一些设计复杂的综合测试软件在维护过程中也耗费大量人员和精力，无形中增加了型号成本。

通过对现有型号的测试软件进行分析，发现虽然各型号的测试项目、箭地通信方式和协议、与各单机的通信方式和接口协议、输入输出内容等不尽相同，但是其基本的通信方式大多为主从总线、串行接口等，测试的内容和方法基本一致，都是以一定的周期、按照相应的协议录取单机数据，按照各种测试条件完成相应的业务逻辑，根据运算结果向各单机发送数据或进行本地输出，只是不同型号对于具体数据的定义不同、对于业务逻辑的要求不同，系统中产品的特性、接口、通信协议不同，以及不同软件开发人员的设计思路不同。分析结果表明，可以通过开发可重用的测试软件框架（以下简称"测试软件框架"）来降低各型号测试软件的研制成本。

5.3.1.1　通用性分析

以三个在研型号测试软件中的基本需求点作为样本，通过应用需求矩阵法[9]进行需求分析，如表 5 - 1 所示。

表 5 - 1　测试软件框架的应用需求矩阵

应用需求	型号 1 测试软件	型号 2 测试软件	型号 3 测试软件
主从总线通信	强制需求	强制需求	—
串口通信	—	—	强制需求
开关量输入	强制需求	强制需求	强制需求
时序输出	强制需求	强制需求	强制需求
执行测试流程	强制需求	强制需求	强制需求

从表 5 - 1 中可以看出，开关量输入、时序输出、执行测试流程是强制需求。通过进一步分析可知，从飞行控制计算机典型设计来看，开关量输入端口与时序输出端口均是必不可少的组成部分，因此对它们的使用也必然成为软件框架的通用性需求；而测试软件的核心作用就是通过执行一系列的测试流程，对本机以及系统内的其他单机进行相应的测试，因此"执行测试流程"也应作为软件框架的通用性需求。

5.3.1.2　可变性分析[9]

（1）识别初步可变性需求

从表 5 - 1 中的应用需求矩阵可知，主从总线通信与串口通信并非是所有型号的强制需求，可作为可变性需求的候选。测试软件除了需要完成对本机的硬件测试之外，还需要对系统内的其他单机进行测试，因此必然会涉及与其他单机通信的功能。目前主从总线是新研型号经常选用的一种通信方式，也有部分型号为了兼容早期一些单机的通信接口，选择串口作为外部通信的主要手段。因此，测试软件框架将"外部通信"作为一个可变性需求。

（2）定义并描述可变性需求[9]

定义出可变点和可变点实例。

1）变化内容：本机与外部其他单机的通信方式在变。

2）变化原因：由于系统方案设计不同，导致通信任务要求在变。

3）变化模式：通过目前在研的各型号来看，主要考虑主从总线与串口两种通信手段。

4）变化主体：将其作为外部可变性，通过对框架的适当配置来实现这一可变性[11]。

定义一个可变点：外部通信；

定义两个可变点实例：主从总线通信，串口通信。

5.3.1.3　可变性建模

针对外部通信这一可变点采用图形化模型进行建模，可变点"外部通信"与可变点实例"主从总线通信"和"串口通信"构成"包含关系"，如图 5 - 8 所示。

当使用主从总线通信功能，需要由框架提供的主从总线消息管理功能提供支持。而当使用串口通信时，势必会使用到串口数据的组帧与解帧等相关功能。因此形成了可变点实例之间的需要约束，如图 5 - 9 所示。

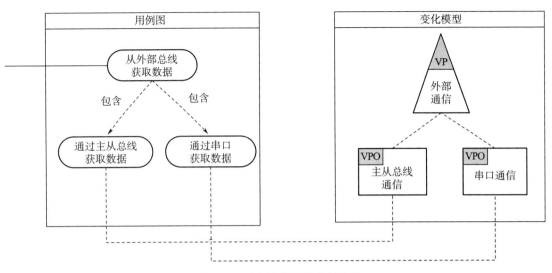

图 5 - 8　可变性模型及映射关系

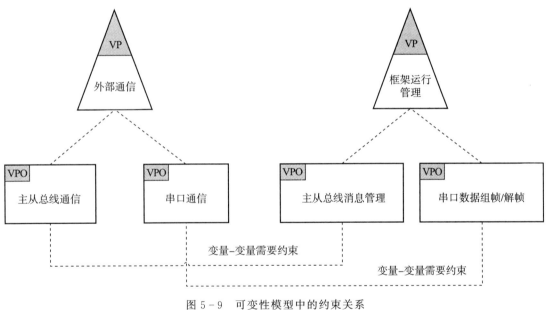

图 5 - 9　可变性模型中的约束关系

5.3.2　可重用软件的概要设计

5.3.2.1　识别设计中的通用性和可变性

根据需求分析，测试软件框架将实现开关量输入、时序输出，执行测试流程通用性需求，实现外部通信这一可变性需求。

1）需求优先级的制约：目前梳理出的各个需求均有较高的优先级，须在框架设计时统一考虑。

2）质量的要求：测试软件作为控制系统软件中不可缺少的部分，在性能、安全性、可靠性等方面都有较高的要求，在框架设计过程中必须考虑相关的要求，并在此基础上考虑软件的灵活性与可维护性。

3）技术能力的约束：测试软件为嵌入式软件，对实时性要求很高，测试框架可以选用 C 语言开发，但可以采用数据结构＋API 接口的方式来实现数据的封装和对象行为的约束。未来的技术更改不会引起架构的变化。

4）不稳定需求的约束：考虑到未来可能引入未知的可变性，测试框架预留出开放的外部接口，这部分功能可由应用软件根据各自的特异性需求来实现。

5.3.2.2　从需求分析到设计的映射

从需求到设计的映射并不是一对一的简单追踪关系，设计阶段的通用性与可变性一部分来源需求阶段，另一部分来源设计阶段内部的可变性；主从总线通信、串口通信映射、开关量输入、时序输出、测试流程管理等均映射为框架中独立的模块。

5.3.2.3　设计可重用架构

（1）构建框架

1）由框架部分执行对底层硬件设备的操作，并提供便捷的 API 接口，使配置项设计人员能够把精力专注于对业务逻辑的开发，节省软件设计和调试的时间。

2）由框架内核完成软件运行流程的调度，统一了测试软件的运行模式，用户代码仅以函数指针注入的方式挂接在框架之上运行，提高了软件的安全性与可靠性。

3）使用统一的数据结构对测试项进行封装，便于各型号的继承和重用。

测试软件框架层次模型示例如图 5 - 10 所示。

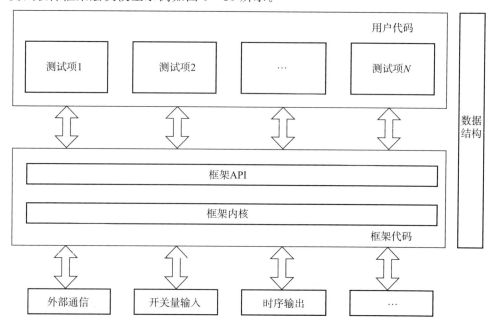

图 5 - 10　测试软件框架层次模型示例

（2）设计规则

测试软件的典型运行模式为：收到测发控系统给出的命令后执行相应的测试项目。而对常见的测试项目进行总结分析，绝大多数具备"输入→处理→输出"的运行模式，包括"接收测试命令"这个功能也可视为是输入的一部分，因此"输入→处理→输出"可以作为测试软件框架的默认运行模式设计方法。编码规则按照 C 语言统一化编码规范执行。

（3）应用插件

在设计过程中，输入与输出均可通过灵活性设计使框架能够按照具体型号的需求，实现特异功能，对于处理环节，由于各型号测试方案不同，需要以插件的形式预留出具体业务逻辑的接口，由应用软件按具体要求实现。

（4）构件特性分析

根据系统方案的不同，输入输出的硬件接口可能不同，但主要包括主从总线（输入兼输出）、串口（输入兼输出）、开关量输入、时序输出等构件。而这些通信构件的功能均可以抽象成较固定的数据结构来表示，如主从消息可以抽象成：地址、子地址、字个数、收/发模式等；时序输出可以抽象成：I/O 地址、时序宽度、开/关值等。

执行测试流程的功能，所有型号均通用一种实现方法。程序把一个完整的测试功能都可以分割成 N 个测试步序，而每一个测试步序基本上可以归纳为"等待 A 时间后，在 B 条件满足的情况下，以一定的运行周期 C，执行用户代码 D，持续运行 E 时间（或由用户代码 D 给出结束信号）后跳转至下一个步序"的典型模式。在这一典型模式中，B、D 两个元素由于具有较强的灵活性，因此必须由应用软件来实现，而 N、A、C、E 均可通过简单的配置而达到预期的效果。

（5）变化模型与构件框架之间的映射

通过对各通信手段以及测试流程的数据结构进行设计，得出框架的运行模型如图 5 - 11 所示。

在图 5 - 11 中，由测试框架实现的功能有：输入环节（包括主从总线输入、开关量输入、串口输入）、输出环节（包括主从总线输出、时序输出、串口输出）、测试流程管理引擎、框架后台计算以及对各类对象集合的管理。应用软件仅需要了解如何使用这部分功能的接口，而无需关心具体功能的实现细节。需要应用软件实现的功能有：输入数据处理、输出数据处理、各类对象集合中具体数据的定义以及测试流程中以插件形式存在的业务逻辑。

需求变化模型中的可变点实例"主从总线通信"映射到架构中的"主从总线输入"与"主从总线输出"两个功能构件，可变点实例"串口通信"映射到架构中的"串口输入"与"串口输出"两个功能构件。

对于各类对象集合中的具体数据，需要应用软件按照框架给出的数据结构来定义自己的数据对象，并将该类对象向框架"注册"，纳入框架的管理范围。

对于测试流程中以插件形式挂接的用户代码，需要应用软件按照框架规定的接口来编

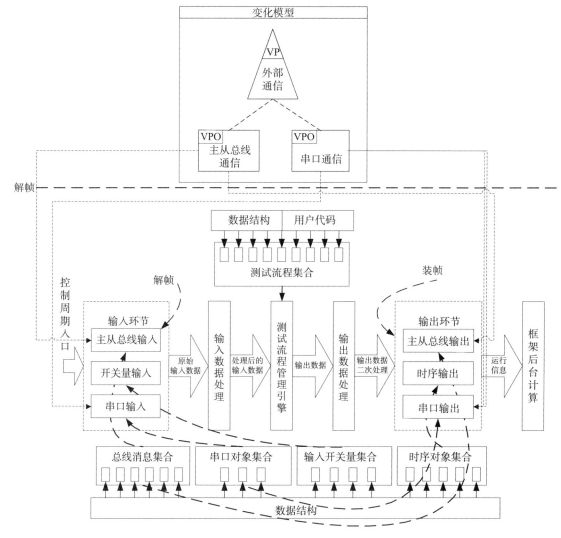

图 5-11　测试软件框架运行模型

码实现自己的业务逻辑，并"挂接"到测试步序上（即前文提到的 B、D）。框架在运行过程中会调用这部分内容实现应用软件的相应功能。

　　而输入数据处理、输出数据处理两个接口是完全开放的，应用软件可以用它们来对输入的原始数据与运算结果进行二次加工，也可以用来实现框架未考虑到的特异性需求。框架不关心这两个部分的实现细节，但会对其进行调度运行。

5.3.3　可重用软件详细设计和实现

　　（1）接口的设计和实现

　　接口决定了连接构件的方式，定义了构件与外界的关系，构件通过提供接口向其他构件提供功能，接口解决的是构件的通用部分，描述了构件与使用者之间的一种协议。接口一般来说是不变的，因为构件和使用者之间必须有一致的理解。无论是通用性构件还是可变性构件都需要设计灵活的接口。

1）接口。应用软件需要使用该数据结构接口建立自己的每一路时序对象，并定义时序的 I/O 地址、时序开时写入的值、时序关时写入的值、时序宽度等。在需要启动时序时，通过构件接口来更新时序状态与时序开启时刻，由框架完成各种时序的管理。

2）操作。应用软件对时序的主要操作是启动时序以及更新时序对象的各个属性等，实现时序输出的操作接口。向应用软件开放的构件功能主要是更新数据结构的相应成员，并非直接操作硬件接口，而真正输出时序的功能需要由框架内核部分实现。也就是说，在得知应用软件需要启动某一路时序之后，框架内核需要按照预先定义的端口地址、时序宽度以及需要启动的时刻，在时序开启时向相应的地址写入开时值，宽度到达后再写入关时值。而这部分功能对应用软件来说是透明的。

（2）可变构件的设计和实现

在 C 语言中常使用条件编译的方式决定各功能模块的组合情况，测试框架也同样采用这种方式，框架包含串口通信功能，通过更改宏定义对源码进行重新编译链接，实现可变特性。

（3）配置参数的时机选择

测试框架的配置参数均在编译前确定。

（4）实现可配置性

框架的控制周期、功能组合情况、处理器类型等均可通过宏定义组合方式配置。

5.3.4 可重用软件的测试

可重用软件的测试任务是验证可重用软件各阶段的输出。测试必须从开发过程的早期就要考虑，即确保需求和设计能够支持测试。可重用软件测试与应用软件系统测试的不同之处在于：

1）在可重用软件测试阶段，没有可供测试的单个的、可执行的软件。因此，需要采取合适的策略，确保测试构件在应用产品中使用，并进行单元测试和集成测试。

2）可重用软件测试需要考虑通用性和可变性两方面。可变性测试须对全部组合进行测试。

3）在可重用软件测试过程中，需要增加对可重用软件的测试要求。可重用软件白盒测试的覆盖率要求不低于使用它的应用软件安全性等级的要求。

5.4 载人航天运载火箭可重用软件库

5.4.1 可重用软件库概述

通过对可重用软件库的操作，对可重用软件进行配置管理、分类和选取。可重用软件库对上述活动的支持，如图 5-12 所示。可重用软件库管理员负责可重用软件分类以及可重用软件维护，可重用软件重用就是查询可重用软件并通过组装，生成新的应用软件的过程。

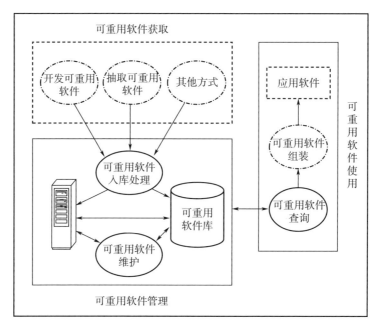

图 5 - 12　可重用软件库

5.4.2　可重用软件库管理

（1）可重用软件入库管理

可重用软件应当加入库中，以等待应用软件技术负责人或工程师来检索，这需要可重用软件具有相应的描述信息。详细描述可重用软件的需求，保证能正确理解可重用软件的功能。尽可能对可重用软件的需求定量化，并说明该可重用软件的作用，同时描述安全关键等级。

库中的软件来自软件生存周期中各个阶段的可重用产品，为使用户能快速准确地检索到所需软件，并能正确地理解、安装和使用，软件入库时内容主要有：

1）为重用者提供有关软件特性、安装、验证及操作的方法（即重用手册）。

2）可重用软件的摘要信息。

3）可重用软件的分类信息。

4）实际要重用的部分（源代码或文档）。

5）可重用软件的测试计划、目标、脚本及预期的结果等。

6）实际拷贝或可重用软件的索引，能够通过正规途径获取到。

7）可重用软件的分层和分级，如中间件和部件等。

8）可重用软件可以由相应的软件属性来描述，方便检索时通过给出所需软件的属性值进一步缩小搜索的范围。

可重用软件可以按照级别采用层次化的分类方法，先把所有的软件划分为一些高层的大类，再把每个大类划分为一些层次较低的种类，使得每个低层种类中所包含的软件数量较小，以方便使用者查找。如可以按照配置项、部件、单元级别分层分类等。

可重用软件也可以按照功能分为三层：底层为基本数据类软件和系统支撑软件（如数据库构件等）、操作系统等；中间层为各种通用的软件，包括消息中间件、数据交换中间件等；顶层为针对各种领域的专用构件或框架，例如滤波算法软件，系统控制软件框架、测试软件框架等。

对可重用软件分类按照下面的步骤进行：

1）检查可重用软件所有可获取的文档（包括源代码），并记录一个软件摘要的草案。使用户对可重用软件有一个清晰的理解。

2）确定分类原则，用术语来分类软件，该术语必须是意义清晰的，而且是无二义的。如果没有合适的术语，就需要在软件库加入新术语。检索发生问题时，可以修正术语。

3）列出可重用软件的分类术语，如果是新术语，可以用某种显著的方式标注出来。

4）必要时，分类完毕后应修正软件的摘要。

（2）可重用软件的配置管理

1）可重用软件库分为开发库、受控库、产品库，软件重用产品配置库中须包含"需求分析→软件设计→代码实现→测试"等过程产品，并将各过程中的问题作闭环处理后才能进入受控库，受控前在开发库中进行版本管理。

2）可重用软件库应支持构件（或框架）的概念，能够对构件（或框架）进行管理。

3）可重用软件库应能维护软件修改和开发的历史。

4）新的可重用软件可以通过现有软件集成得到，维护软件集成历史。

5）可以对框架、构件变化进行控制，并维护多个变化方向。

（3）可重用软件出库管理

重用者进行出库操作时，配置库除了为重用者提供重用软件（源码、可执行文件以及相关文档），还应提供如下信息：

1）可重用软件在以往项目中的应用情况（使用次数，出现的缺陷等）。

2）其他重用者对该软件的评论。

3）可重用软件的使用说明。

4）可重用软件的使用约束，如受限领域，可能导致性能降低（功能受限）的应用场景。

5）对该软件的测试验证说明。从软件成熟度等级、对生产效率提高的程度、易用性、鲁棒性等方面对重用软件打分，并在软件出库时提供记录。

（4）可重用软件审查和修改

重用软件的开发过程遵循了载人航天软件工程规范，并在说明文档中全面、准确地说明了软件的功能和行为，以及相关的领域知识等方面内容。同时使用前需要对其进行审查，经过审查后，有可能库中的软件不做修改就可以直接用于新的软件项目。但是，在多数情况下，需要对重用软件做或多或少的修改以适应新的需求。为了减少修改的工作量，要求软件开发人员尽量使软件的功能、行为和接口抽象化、通用化、参数化，使重用者可以通过选择参数来调整可重用软件的功能或行为。如果这种调整仍不能使软件适应新的软件项目，用户就必须借助设计信息和说明文档来理解、修改可重用软件。

（5）维护信息采集

1）可重用软件库应记录重用者对软件的提取情况，以此作为软件配置管理和维护的依据。大部分关于提取的信息可以由软件库的查询和检索工具自动收集，包括软件的使用、问题报告、失败的查询等，并以此来改进软件库的查询机制。每个重用者在提取可重用软件时，应承诺按期反馈对可重用软件的使用情况以及重用经验。可根据实际情况对早期版本停止维护，并不再更新。

2）将以下四个度量作为对软件质量和可重用性的信息：

检索次数：考虑重用该软件的次数。

重用次数：实际重用该软件的次数。

复杂性：对软件复杂性的评价。

问题报告次数：已知的显著缺陷或错误的数目。

5.4.3　可重用软件库使用

可重用软件应用是使用可重用软件来创建具体的型号应用软件的过程。在可重用软件的应用中，很重要的一点是绑定可重用资源的可变性，实现可变实例，再将这些实例与特定的应用软件成分集成起来，开发出不同的载人航天型号软件产品。

使用可重用软件进行载人航天型号应用软件开发时，需要先分析自身的功能，然后在对应等级的可重用软件库中查找匹配的可重用软件并使用，同时向可重用软件库中反馈信息，二者通过可重用软件库进行交互。图5-13为可重用软件与应用软件开发交互流程图。

基于重用技术的应用软件开发，进行应用软件需求分析后，再把功能分解到具有相应粒度的可重用软件上。通过可重用软件库管理系统查询现有的可重用软件，若可重用软件库中有完全相同的产品，则可以直接加载使用，或通过少量修改再使用。如果可重用软件不存在，则查找功能相同或相近的软件，采用二次开发的方式构造符合要求的可重用软件，并可以再次进入可重用软件库，并在库中填写相关文档与描述信息。

选取可重用软件时要考虑系统需求，只有满足需求的构件才能被考虑；软件的需求分析要根据可用的软件列表进行复审，再选择需要满足的需求，对这些需求进行优先级排序，同时要进行代价-收益分析。有些需求由于存在可用的构件，可以在简便、节省成本的情况下得到满足；而有一些需求则需要通过大量的调整才能得到满足，或者可能因没有可重用的资源而被延迟，因此不一定适合重用模式。

另外可以利用可重用软件库中软件的成熟度，作为软件使用的优先级条件，软件产品成熟度的定级规定应按照各单位对软件成熟度的定级标准，根据载人航天的特点，一般在

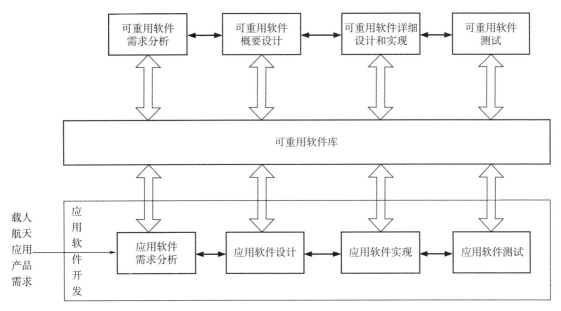

图 5 - 13　可重用软件与应用软件开发交互流程图

成熟度评价中需考虑的要素有管理成熟度、设计成熟度、验证成熟度、应用成熟度等。管理成熟度是软件产品在需求分析、体系结构设计、详细设计、实现、测试验证过程中,各开发活动中质量保证活动、配置管理活动的完备性、精细化和规范化程度。设计成熟度是软件满足型号软件产品功能、性能任务要求的程度,软件的可靠性安全性水平,以及软件逻辑结构、复杂性、规范性等的优劣程度。验证成熟度是对软件产品执行代码审查、静态分析、测试验证、试验验证的充分程度,以及软件产品在验证中问题的发现和排除程度。应用成熟度是软件完成开发交付使用时,在实际应用任务中的表现及重用率。

5.5　小结

　　载人航天运载火箭软件重用的实施,覆盖可重用软件开发、管理、应用过程的各个方面,形成了较为成熟的技术方法。通过提出了适合软件重用研制模式的部门岗位优化模型,使软件分工更加细致合理;通过提出软件研制过程的重用标准和重用产品的建设方法,使产品化软件开发质量得到保障。最后,建立软件可重用软件库,规范而合理地利用产品成果,持续推进了软件重用工作,达到提升了软件专业技术能力目的。

第6章　载人航天运载火箭软件技术发展

6.1　航天装备发展趋势

航天产业的发展和壮大是提升国家竞争力和影响力的关键，在国家战略中的地位与作用日益突显。载人航天技术作为战略性前沿技术，其发展和进步无疑是推动航天技术创新、促进航天产业快速发展的重要引擎。随着近年来投入的不断加大以及航天技术的飞速发展，载人航天运载火箭逐步迈向智能化，智能自主规划、智能自适应控制、多模感知信息融合、智能计算等技术已经逐步开展应用，载人航天运载火箭将逐步成为会看、会听、会思考、会决策、会学习的智慧火箭。

智能化使得载人航天运载火箭中越来越多的计算资源由软件整合，越来越多的功能由软件实现，越来越多的系统通过软件来集成，软件从硬件的附属发展到独立的功能单元、进而集成复杂的系统，并成为分析系统、设计系统、实现系统的切入点。因而载人航天运载火箭软件研制将面临新的挑战：

（1）智能化带来更加复杂的任务场景

在非智能时代，航天软件处理的任务场景相对确定和单一，而智能化航天装备任务场景更加丰富，需求更加多样化，软件所要处理的状态空间增长极快，软件系统的状态及任务更加复杂，软件系统行为与完成的功能更加复杂，软件的逻辑处理及表决更加复杂，软件所要完成的算法也更加复杂。

（2）集成化带来更加复杂的软件架构

智能时代多变的特性使得硬件平台走向标准化和通用化，进而实现高度集成，装备功能特征的载体逐渐由硬件转向软件，为此软件架构需要增加硬件资源的整合、调度及功能分配等一系列功能，并处理好这些功能与软件业务的调度。

（3）系统化带来更加复杂的研发模式

系统化打破了传统软件配置项的概念，将配置项整合成一个有机的整体，并部署在一个高度集成的硬件平台上，运行在统一的软件框架中，成为一个可以表征装备特征的完整系统。系统化带来研制视角的转变，需要建立更加高效的研制体制。

综上所述，载人航天运载火箭的发展趋势使得软件系统的复杂度不断提升，软件系统无论是成本、进度、技术难度，还是管理难度都在逐步增大。因而需要对更加适宜的新技术进行探索与实践，持续保证载人航天运载火箭软件产品的质量。

6.2　基于模型的软件研制技术

6.2.1　概述

载人航天运载火箭的复杂任务场景造成了软件复杂度的暴增,具体到研发过程中可能会出现:

（1）系统需求分析的充分性问题

系统需求识别越来越困难,系统需求分析往往不够充分,系统方案缺少系统原型验证手段,使得方案设计的正确性更多依赖于设计者以及评审专家的经验,存在后续各环节变更频繁的风险。

（2）设计过程的协同性问题

组织资产分散在各个专业及各个部门,研制过程中存在"串行工作"的情况,在流程末端的专业不能最大程度使用前序专业的工作成果,在项目工作不断增多、研制周期不断压缩的情况下,留给开发及验证的时间越来越紧张,产品质量保证存在风险。

（3）工作产品的一致性问题

系统的复杂性带来了团队规模的增大,各专业间、不同人员间工作的一致性与完备性保证使难度加大,导致实现环节存在理解上的偏差。

通过对国外航天行业资料的研读可知,国外航天和国防领域也遇到过类似的问题。随着系统规模和复杂度显著地增长,传统的系统工程方法已经不能满足软件要求,尤其是当前软件系统的复杂度已经远远超出人脑所能直接控制的程度,传统的计算机辅助设计结合手工代码和文档编写的系统工程实践方式已经捉襟见肘,当前需要的是在软件研发过程中建立功能架构、逻辑架构及接口灵活的、柔性的、能够快速响应变化的设计,同时研制过程中需要对全系统资源优化不断设计,在全生命周期开展可持续验证的系统工程新实践。

基于模型的系统工程（Model Based Systems Engineering,MBSE）被 NASA、欧洲空间局（ESA）等政府组织以及洛克希德·马丁和柯林斯等相关承包商在项目中积极使用,保障了众多航空、航天以及武器装备项目的成功;NASA 在 2012 年至 2014 年的工作中,就将推行模型驱动的软件开发模式作为一项重点工作。ESA 第一颗绕月卫星的姿态控制、动力控制、故障发现恢复等功能已采用模型驱动的方式进行设计和代码自动生成。对于软件系统研发而言,基于模型的系统工程是模型驱动开发（Model Driven Development,MDD）技术、模型驱动架构（Model Driven Architect,MDA）技术与系统工程技术（Systems Engineering,SE）的有机结合,是一种以模型为载体的高级别抽象的开发方法。系统工程国际委员会（International Council on Systems Engineering,INCOSE）对 MBSE 的定义是用正式的应用模型来支持系统需求、设计、分析、验证和确认活动,从概念设计阶段持续到整个开发和后续生命周期的各个阶段。

6.2.2　基于模型的系统工程发展

20 世纪 80 年代以色列魏茨曼科学研究院的大卫·哈雷尔（David Harel）教授针对以色列飞机工业公司（Israel Aircraft Industries）"狮"式战斗机领域软件系统的开发，引入了 Statechart 建模及其支持工具 Statemate，模型驱动的软件开发技术（MDD）随之被提出并开始研究实践。由于软件与模型具有天生的契合性以及模型驱动的软件开发具有技术的支撑，2000 年以后模型驱动的软件开发已经由技术研究转向应用阶段，NASA、ESA 等政府组织和相关承包商都开始积极在项目中使用模型驱动的软件开发技术，模型驱动软件研发的工具产品逐渐走向成熟。INCOSE 于 2010 年开始对 MBSE 开展跟进、推动和工程落地工作，随着相关技术的推进，INCOSE 对 MBSE 的规划越来越明晰，其 2010—2025 年发展规划如图 6-1 所示。

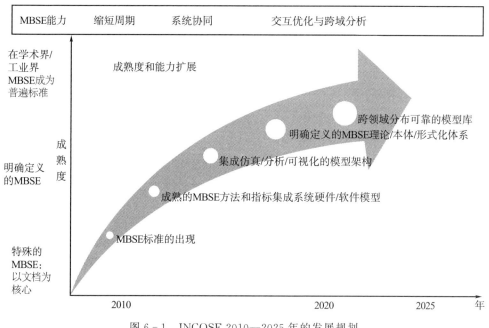

图 6-1　INCOSE 2010—2025 年的发展规划

6.2.3　基于模型的软件系统研制探索

MBSE 为解决需求分析、功能分析和架构设计一致性问题提供了有效途径。模型能够通过图形化的形式表现系统的结构和层次关系，提供了比设计文档更强的描述能力；通过使用自动化的建模工具，使模型的创建、修改、浏览及复用更加方便，能有效提高软件设计效率。基于模型来进行系统需求分析、系统设计和设计综合，通过工具完成各个阶段模型的设计、验证和同步，并通过模型将整个研制流程的开发阶段连接起来，从而大大提高软件开发的效率和质量。

借鉴国外成功经验，在运载火箭软件研制中也开展了 MBSE 与软件研制的探索。主要包括：

（1）基于模型的协同需求捕获

在传统航天软件研制过程中，系统任务要求变化及软件任务书滞后是影响当前软件产品交付能力的重要因素。系统设计、单机设计或软件设计大量采用文本形式进行描述与信息传递，包括设计任务书、方案报告、设计报告等。在研制阶段，基于文本的设计任务书需要反复修订，需求提出方首先需要将需求转化为精确的、无二义的自然语言，设计承担方又需要将自然语言经个人理解转化为工程设计。这种传统描述方式不仅费时费力，还引入重复劳动环节，容易因为传递过程中的理解偏差造成设计错误，使工程设计反复，提高了设计成本。

基于模型的系统工程要求系统设计人员从以往的以文档为中心的设计活动转到以模型为中心的设计活动。系统人员与软件人员共同分析并确认统一系统需求、软件需求的建模方法及模型描述语言，借助工具进行可视化的需求分析，需求定义、传递、描述的载体由文本改为模型，逐层细化到软件实现。以可视化的模型为基础，开展持续的系统需求与软件需求的迭代分析，加快用户需求确认、分配以及软件需求的确定。同时，基于模型自动生成任务书与需求说明可以确保任务书与需求的一致性，提升文档编写自动化水平。

（2）基于模型的软件设计与验证

传统的航天软件开发过程中，设计文档在某种程度上仅仅被作为软件架构与设计的依据或记录，没有成为真正意义上的设计载体，文本中的信息缺少对具体实现的转换和映射。因此，基于文档的设计成果无法直接体现到实现中，同时无法在前期对设计的正确性进行验证，进而会造成设计与实现之间的脱节，以及开发与验证之间的隔阂。

基于模型的设计可以实现从需求到设计的平滑过渡，以及设计的逐层细化，通过图形化的形式进行清晰地描述；同时，利用代码自动生成技术，能够将设计模型自动转化为软件源程序或目标程序，降低编码工作量，建立由设计到编码的平滑过渡，保证了设计和实现的一致性。同时，模型是一个可以运行的逻辑实体，可以为测试验证提供载体，而逐层细化的建模过程，又天然地形成由设计约束到设计实现的映射，来自约束的测试用例，可以验证下一层模型设计的正确性，并建立自动化的过程。

6.2.4　基于模型的软件研制体系规划

载人航天运载火箭在后续的发展中，可以探索以"一套方法论、一个工具平台、一组模型化组织资产"有机结合的、基于模型的软件研制体系，如图 6 - 2 所示。

（1）一套方法论

依托基于模型的系统工程可以建立覆盖从系统需求分析到单机设计、软件编码阶段全流程的协同设计方法，覆盖系统方案设计、软件需求分析、软件设计、软件实现及测试验证等各个阶段，并确立最适宜的模型体制、建模方法、仿真及验证方法，研制流程如图 6 - 3 所示。

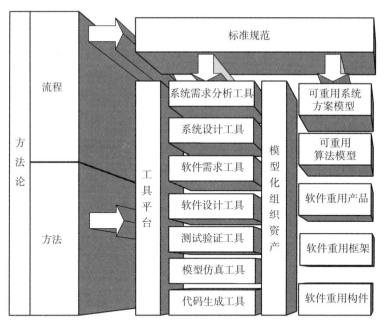

图 6 - 2　基于模型的软件研制体系

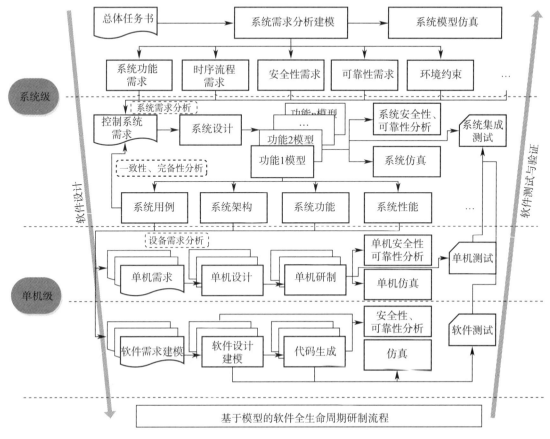

图 6 - 3　基于模型的软件全生命周期研制流程

依据流程规划，打通从系统方案设计到软件实现及测试验证的各个环节；在生命周期较早阶段提供分析、设计、验证的手段，将研制环节和质量保证环节前移；形成基于模型的研制流程要求，并固化成为标准规范。

（2）一个工具平台

以多专业并行工作模式为引导，建设可协同设计的载体与平台；通过充分的市场调研，选择工具建设路线，采购商用平台组成 MBSE 的工具链；拓展研发工具，补充商用工具链存在的短板，更好地适应航天领域需求；整合工具链，与过程管理、组织资产、安全性可靠性等工具整合形成工具平台，覆盖从基于模型的系统方案设计及仿真验证到软件实现及测试的全过程；平台支持基于模型的早期方案验证，避免把验证工作都放在集成测试或系统试验阶段，提前发现问题，从而降低缺陷发现和修复的成本。

（3）一组模型化组织资产

基于模型的组织资产建设按照"标准体系与方法体系研究先行、模型资产与平台建设相结合，严格要求、循序渐进"的总体思路稳步开展，通过重用资产库到模型资产库的转换，实现组织级资源的整合，通过重用支撑平台实现方法论的落地，通过流程保证实现标准的落实，最终实现研制模式的转变，如图 6-4 所示。

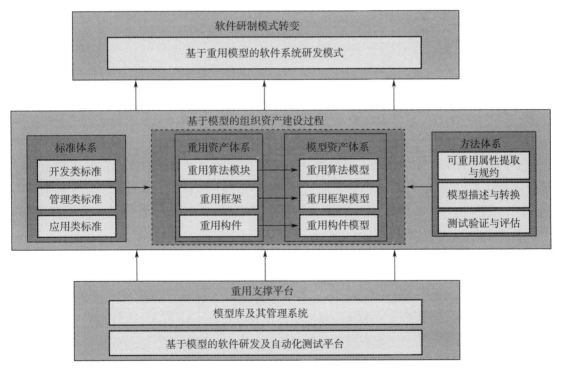

图 6-4　基于模型驱动的重用体系

6.2.5　展望

在某种程度上 MBSE 被视为系统工程的革命以及系统工程的未来，随着运载火箭系统中新技术的不断应用，其软件系统的规模和复杂度将不断攀升，使得模型驱动开发成为软件开发技术发展的未来方向。通过上述实践，探索 MBSE 技术在新一代载人运载火箭软件研制中的应用，改进现有软件研制流程，能够明晰需求、控制变更、促进协调、提升效率、积累组织资产、规范流程，进而有效提升软件系统的研制能力，提升研制效率和质量。

6.3　面向大数据的智能分析

6.3.1　概述

当前，大数据技术的应用已经渗透到众多行业，庞大的数据资源已经成为国家和企业的战略资源。目前各个国家均将大数据技术视为 21 世纪政治、经济、军事领域发展的战略制高点，将大数据发展置于国家战略层面进行推进。随着数据智能技术的迅猛发展，在金融、医疗、零售、制造等行业，利用数据挖掘技术能够从大量无序数据中自动抽取其隐藏特征及关联关系，能够借助算法从大量数据中快速获取隐藏信息，进而实现数据的价值。

与此同时，新一代航天器向信息化、智能化发展，为航天软件带来了复杂度压力的同时，也带来了数据量的压力：

（1）试验数据量大且存储分散

软件系统在待机状态下平均每小时产生的数据量在 2 GB 左右，一次系统试验产生的数据已经达到 PB 级。试验数据存在于不同的测试设备中，传统技术通过人工采集数据并刻录光盘，人工组包的方式采集数据工作量大、效率低，同时容易产生错误和遗漏，不利于快速形成完整的产品数据包；将数据导入再调用解析算法分析数据，需要花费很长时间，传统的判读终端很难满足其存储和处理要求；另外，传统的数据处理方式存在数据无处存放，数据处理速度过慢，数据无法统一管理和有效分析、挖掘利用的弊端，影响产品的交付和验收。

（2）试验数据呈现出多源异构的特点

随着后续载人运载火箭领域信息化、智能化的发展，试验数据必将大规模地增加，且试验数据呈现多源异构特点，除了传统的文本数据外还包括雷达影像、地形图、DEM、电子地图、目标三维模型、多媒体记录等结构化和非结构化数据。这些数据分散的存储在各个实验室和设备中，种类庞杂且数据量巨大，现有的传统文件系统和传统关系型数据库难以满足其处理要求（数据处理速度过慢，数据无法统一管理和有效分析、挖掘利用），很难对历次试验数据进行统一分析和比对查看，没有充分利用试验数据的价值，导致试验数据收集不充分、分析不到位，造成试验数据的巨大浪费，挖掘分析不充分也给管理决策带来困难。

6.3.2 大数据处理平台探索

为应对目前以及未来大数据业务需求，必须建立更便捷、更全面、更安全以及更可靠的数据解决方案。为此运载火箭系统应把视线投向民用主流大规模数据处理技术，开展大数据处理平台相关技术探索和应用，搭建相应大数据处理平台。该平台不仅仅包括计算机系统和其他与之配套的设备（例如通信和存储系统），还包含冗余的数据通信链接、环境控制设备、监控设备以及各种安全设施，是一套完整的数据中心。该平台应能够提供大数据平台的全域服务支撑能力，满足多方位、多层次的大数据服务需求，深化信息资源共享开发利用，驱动大数据创新应用建设。该平台分为三个层次和两大体系，分别为基础设施层、资源层、应用层、数据安全保障和管理维护体系，如图 6-5 所示。

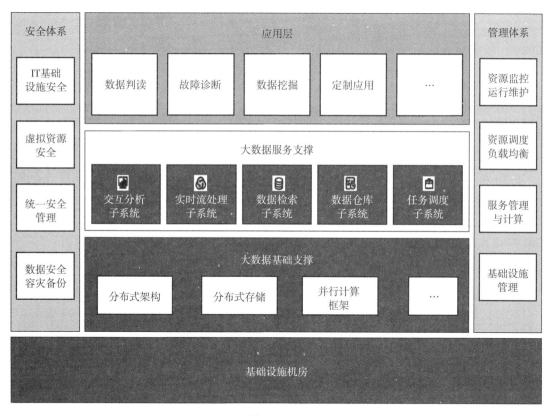

图 6-5 大数据处理平台架构设计图

（1）基础设施层

提供基本的计算、存储、网络服务，并针对分中心的迁移和托管提供服务支持。在这个层次上，可以通过计算模块和交换模块实现可靠的底层支持。

（2）资源层

平台服务层主要提供中间件，采用大数据生态架构以及开放的国产化服务器架构，实现从目前单机分割和封闭的架构迈向统一、协同、开放的架构，打造整个装备进行集群测试、运行数据的资源整合中心，通过流计算引擎处理实时数据，并最终采用分布式列存储数据库将数据落地，以持续、稳定、安全的技术架构支撑数据服务一体化、个性化、决策智能化。用户可以基于该平台，进行业务应用的快速部署、应用分析和日志监管。

（3）应用层

软件即服务，典型的运用模式就是用户通过标准的浏览器或客户端来使用局域网上的软件，只要按需使用软件，直接应用在这个层次上，集成数据中心还将承载各个部门所需的各类业务应用。业务层的应用根据数据中心的实际需求进行动态开发，依赖于数据抽取、数据存储、算法运行等基础模块，实现不同业务的开发。基于底层的分布式大数据基础平台，结合主从备份架构，借助大数据服务抽象出来的采集、计算、存储等服务，直接提供数据分析与判读、数据挖掘、故障诊断等业务应用支持，实现对数据的检索计算、分析比对和健康管理。

6.3.3　故障智能诊断探索

前文提到试验数据大规模增加的同时，其信息密度也在增大，这些信息中蕴含着大量装备和软件运行状态，为智能化应用提供了很好的数据基础，为提升载人航天数据利用水平与智能化程度带来新的切入点。

传统的试验数据管理更多地表现为数据记录，统一管理形成数据仓库。试验完成后对数据仅进行基本的分析，通常是"一次测试，再不使用"，数据之间未能有效地关联。测试数据的管理方式注重存储不注重利用，数据的价值没有得到很好的体现。新一代运载火箭可以利用数据挖掘技术的优势，从不完整的、不明确的、大量的具有很大随机性的实际应用数据中，提取出隐含其中、事先未被人们获知却潜在有用的知识或模式，通过数据离散度分析、关联度分析、重要度分析等大数据分析挖掘方法，结合试验数据对健康状态进行评估，及时发现航天器故障征兆并采取有效措施，从而避免重大故障的发生。

6.3.4　展望

目前载人航天运载火箭系统的数据规模和信息化程度在不断攀升，数据的快速处理、挖掘分析显得尤为重要。建立基于大数据技术的试验数据处理平台，将系统数据进行有效分析、整理，可快速查看、分析历次试验数据，提高了数据判读的效率和问题分析能力。研究基于大数据挖掘分析、故障定位技术，可以解决载人航天系统在设计、生产、试验、验收等各个阶段测试数据的实时或事后快速处理与分析的问题，对系统在运行过程中的故障进行快速诊断和定位，进而实现测试现场前端无人值守、提升发射任务的自动化水平，大幅减少指挥员口令和人工判读工作，给软件系统的质量分析和管理决策提供有力的技术支撑，从而促进航天产品向更加智能化、信息化发展。

6.4　小结

　　航天技术作为战略性前沿技术领域，其发展和进步无疑是推动航天产业技术创新、促进航天产业快速发展的重要引擎，载人航天在技术方面的探索与规划，是提高我国航天产业技术创新能力和国际竞争力的有效途径，本书中提到的基于模型的软件研制技术、大数据智能分析技术，只是其中应用的一个方面，后续随着各种新技术不断在载人航天型号中的探索和应用，将助力中国航天实现从跟跑者到领跑者，进而从航天大国迈向航天强国。

参 考 文 献

［1］ 汤铭端. 航天型号软件研制过程［M］. 北京：宇航出版社，1999.

［2］ 王晓玲，等. 新一代运载火箭软件系统管理［J］. 载人航天，2015，6：618－622.

［3］ 梁思礼. 梁思礼文集［M］. 北京：中国宇航出版社，2004.

［4］ GJB/Z 102A，军用软件安全性设计指南［S］.

［5］ Q/QJA 43，载人航天型号软件更改影响域分析要求［S］.

［6］ Q/QJA 44，载人航天型号软件测试覆盖性分析要求［S］.

［7］ Q/QJA 30A，航天型号软件工程化要求［S］.

［8］ Q/QJA 296，航天型号软件系统分析与设计要求［S］.

［9］ 李伟刚，李易. 软件产品线工程：原理与方法［M］. 北京：科学出版社，2015.

［10］ 赵海燕，张伟，麻志毅. 面向复用的需求建模［M］. 北京：清华大学出版社，2008.

［11］ 普尔（POHL K），等. 软件产品线工程［M］. 张佳骥，李彦平，译. 北京：国防工业出版社，2010.

［12］ Software Faults，Failures，and Fixes：Lessons Learned from a Large NASA Mission. Katerina Goseva-Popstojanova& Maggie Hamill，West Virginia University，Morgantown，WV.

［13］ 鲁宇. 航天工程技术风险管理方法与实践［M］. 北京：中国宇航出版社，2014.

［14］ 安占新，等. 多模异构冗余软件系统同步技术研究［J］. 航天控制，2019（05）：46－50.

［15］ MARY SHAW，DAVID GARLAN. Software architecture［M］. Tsinghua University/Prentice Hall，1997.

［16］ 温昱. 软件架构设计［M］. 北京：电子工业出版社，2007.

附录 A-1 自查检查单示例——应用软件

检查责任人：_____ 检查日期：_____

配置项名称：_____ 软件代码与版本号：_____

（1）软件工程化方面

序号	检查项		符合	不符合	不适用	问题描述
研制技术流程执行情况						
1	1.1	对该软件的研制流程进行了明确策划（如编制开发计划，或明确执行哪个工程化大纲或所标等?）				
	1.2	依据文件和技术标准现行有效（如是否依据"白皮书"或工程化大纲开展工作）				
2	2.1	软件研制按照确定的技术流程执行（Ⅰ、Ⅱ、Ⅲ、Ⅳ类）				
	2.2	不存在不符合技术流程而进行的剪裁				
3	软件的技术状态更改受控，且更改进行了影响域分析					
4	4.1	软件需要进行固化或安装的，最终固化的软件出自产品库				
	4.2	软件固化或安装后通过了系统试验的考核				
5	5.1	软件质量问题已归零（如未出现质量问题，请选择"不适用"）				
	5.2	按照型号下发的"基线"开展了质量问题的"举一反三"				
6	6.1	软件研制过程实施了配置管理，本软件所用的编译器及其选项也纳入了配置管理，软件版本管理及更改控制手续完备				
	6.2	设立了"三库"，并按照计划规定及时入库				
	6.3	提交给第三方测试的软件出自受控库，提交出厂测试的软件出自产品库				
7	产品保证大纲所要求的文档数据包完整					
针对任务书、需求、设计和编码过程的检查						
8	正式下达软件任务书、编制需求规格说明，经过评审并受控					
9	软件任务书、需求说明、设计说明的内容完整，文文一致，签署完整，符合要求					

续表

序号	检查项	符合	不符合	不适用	问题描述
10	软件任务书、需求的更改经过更改影响域分析论证并获得批准				
11	软件任务书、需求文档、设计文档及接口文件等最新的有效版本与软件最终状态一致				
12	编码时确定并执行了一定的编程规范				
13	各阶段软件文档有双向追踪矩阵				
软件测试过程的检查					
14	进行了开发方测试，并覆盖了所有软件需求				
15	15.1　对于开发测试中发现的问题都进行了闭环处理				
	15.2　如开发方对测试中发现的问题处理意见是"不做修改"的，其问题定位及其影响分析应充分并得到相应责任人的审批				
16	最终状态的软件版本与开展确认测试、参加系统联试的版本一致				
17	测试中针对全部接口进行了测试				
18	软件在修改后进行了相应的回归测试				
19	19.1　进行了软件各阶段测试的覆盖性分析，涵盖正常情况、边界及各种异常情况				
	19.2　对于测试没有覆盖到的情况，采取了其他的手段如分析、走查等措施				
20	20.1　各阶段的测试工作具有文档化的测试计划、测试说明/测试记录和测试报告（含问题报告单）				
	20.2　测试文档内容完备、格式规范、签署完整				

（2）软件可靠性与安全性方面

序号	检查项	符合	不符合	不适用	问题描述
软件安全性、可靠性分析设计和验证执行情况					
1	1.1　软件任务书中明确提出了安全性、可靠性需求以及安全关键等级				
	1.2　进行了软件初步危险分析（PHA）				
2	在代码中落实了安全性、可靠性措施				
3	在各种测试中对软件安全关键模块和软件安全关键功能进行了严格的测试；无法动态测试的可靠性、安全性等措施，其有效性通过了静态分析、人工走查等补充验证				
软件可靠性的重点考察专项					
	1. 中断和陷阱设计				

续表

序号	检查项	符合	不符合	不适用	问题描述
1	中断初始化符合芯片使用手册				
2	中断初始化和开关中断的时机、顺序正确				
3	入口和出口处保护了所有用到的资源（含浮点计算的资源）				
4	分析过所有中断与主程序以及不同中断间的端口、变量、缓冲器读写冲突情况				
5	分析过所有中断服务程序的最长时间，应满足要求（中断执行超时有很大安全性风险，有可能导致控制周期变化，影响控制）				
6	对中断内部存在可能被阻塞的操作导致中断服务程序执行时间过长的情况开展了检查				
7	采取了对未用中断及异常中断采取相应的处理和报警措施（若本条不符，正常程序将受影响）				
8	分析过中断嵌套深度				
9	对中断自嵌套进行了分析（若本条不符，堆栈会被破坏）				
10	分析过最大嵌套时的堆栈使用情况				
11	有必要的陷阱处理设计				
	2. 通信设计				
1	有通信协议约定				
2	有校验方式约定				
3	有出错处理				
4	有超时处理				
5	必要数据有重发机制				
6	分析过通信容量相对通信负载的余量满足要求				
7	通信缓冲有防止溢出的处理				
8	关键信息有信息有效性判别策略				
	3. 计算安全性设计				
1	对除法类（含求余）的除零错误进行处理				
2	对计算函数输入值的值域进行合理性分析或判别，保证计算过程的可靠性				
3	对计算函数（如反三角函数）的输出计算结果进行值域判断和选取分析				
4	对外部通信传来的数据（如浮点数据）进行表示格式的匹配性处理和数值的合理性检测（需要时）				
5	对影响飞行成败或精度的关键输出数据，其结果应进行合理性检查				

续表

序号	检查项	符合	不符合	不适用	问题描述
	4. 接口设计				
1	所有接口都考虑了同步操作，并分析过动作时间余量				
2	接口缓冲大小有余量				
3	3.1　接口双方的信息格式统一并文档化				
	3.2　格式更改传达到各方				
4	有时序输出实时性和同步设计（如飞行时序和点火时序）				
5	软件在进行接口信息输入操作时，有必要的超时处理				
	5. 潜在错误分析				
1	分析了中断会影响软件所需的正常的工作时序关系				
2	分析了中断会影响软件正确获得所需的资源（如接口、变量、时间等）				
3	析了中断会影响软件实现预定的工作流程				
4	进行了接口的（如通信、I/O 等）占用状态对软件功能、性能的影响分析				
	6. 其他可靠性措施				
1	对重要数据有冗余容错处理				
2	在初始化后不使用动态存储器分配，如使用了请说明理由				
3	所有代码的编译必须在所有的警告被使能的情况下进行，编译的结果必须没有警告产生				
4	所有实时任务的执行时间满足了时间余量的要求				
5	发生模式转换的部分，进行了关键时序分析				
6	当使用到编译器优化的时候，应该分析编译器优化选项不影响软件的正常功能				

附录 A-2 自查检查单示例——FPGA 软件

检查责任人: _____ 检查日期: _____

配置项名称: _____ 软件代码与版本号: _____

（1）工程化情况检查

序号	检查项	符合	不符合	不适用	问题描述
研制技术流程执行情况					
1	1.1 对该软件的研制流程进行了明确策划（如编制开发计划，或明确执行哪个工程化大纲或所标等）				
	1.2 依据文件和技术标准现行有效（例如，是否依据"白皮书"或工程化大纲开展工作）				
2	2.1 FPGA、CPLD 使用的必要性经过分析、论证和评审				
	2.2 器件选型经过了论证，超目录选型应有审批				
3	3.1 软件研制按照确定的技术流程执行（Ⅰ、Ⅱ、Ⅲ、Ⅳ类）				
	3.2 是否存在不符合技术流程而进行的剪裁				
4	软件的技术状态更改受控，且对更改进行了影响域分析				
5	5.1 软件需要进行固化或安装的，最终固化的软件是否出自产品库				
	5.2 软件固化或安装后通过了系统试验的考核				
6	6.1 软件质量问题已归零（如未出现质量问题，请选择"不适用"）				
	6.2 按照型号下发的"基线"开展了质量问题的"举一反三"				
7	7.1 对软件研制过程实施了配置管理，本软件所用的编译器及其选项也纳入了配置管理，软件版本管理及更改控制手续完备				
	7.2 设立了"三库"，并按照计划规定及时入库				
	7.3 提交给第三方测试的软件出自受控库，提交出厂测试的软件出自产品库				
8	产品保证大纲所要求的文档数据包完整				
针对任务书、需求、设计和编码过程的检查					
9	正式下达了软件任务书、编制了需求说明、经过评审并受控				

续表

序号	检查项	符合	不符合	不适用	问题描述
10	软件任务书、需求说明、设计说明的内容完整，文文一致，签署完整，符合要求				
11	任务书、需求的更改经过更改影响域分析论证并获得批准				
12	软件任务书、需求文档、设计文档及接口文件等最新的有效版本与软件最终状态一致				
13	编码时确定并执行了一定的编程规范				
14	各阶段软件文档有双向追踪矩阵				
软件测试过程的检查					
15	进行了开发方测试，并覆盖了所有软件需求				
16	16.1 对于开发方测试中发现的问题都进行了闭环处理				
	16.2 如开发方对测试中发现的问题处理意见是"不做修改"的，其问题定位及其影响分析应充分并得到相应责任人的审批				
17	最终状态的软件版本与开展确认测试、参加系统联试的版本一致				
18	测试中针对全部接口进行了测试				
19	软件在修改后进行了相应的回归测试				
20	20.1 进行了软件各阶段测试的覆盖性分析，涵盖正常情况、边界及各种异常情况				
	20.2 对于测试没有覆盖到的情况，采取了其他的手段，例如分析、走查等				
21	21.1 各阶段的测试工作具有文档化的测试计划、测试说明/测试记录和测试报告（含问题报告单）				
	21.2 测试文档内容完备、格式规范、签署完整				

（2）可靠性安全性检查单

序号	检查项	符合	不符合	不适用	问题描述
软件安全性、可靠性分析设计和验证执行情况					
1	软件任务书中明确提出了安全性、可靠性需求以及安全关键等级				
2	进行了软件初步危险分析（PHA）				
3	代码中落实了安全性、可靠性措施				
编码规范类					
4	若有编码规范要求，设计实现应遵守编码规范要求				
5	应利用工具进行编码规范的检查				

续表

序号	检查项	符合	不符合	不适用	问题描述
6	对编码规范检查的结果应进行分析处理，其结果应闭环				
管脚分配类					
7	任务书、需求中应有管脚分配要求，并与 PCB 要求一致				
8	设计中管脚分配约束应与任务书、需求的要求一致				
9	功能类似管脚应正确对应，不存在交叉错用的情况（如三机备份的类似管脚）				
时钟域类					
10	跨时钟域信号（包括异步输入时钟、内部分频时钟等）应进行必要的处理				
复位初始化类					
11	若存在多个复位源时，设计上应有避免竞争冒险的措施				
12	对各异步复位输入信号应进行必要的同步化处理				
13	设计内部计数器、状态机、标志寄存器等不应依赖器件的初始状态				
接口时序类					
14	在任务书、需求中，应对所有接口均有明确的时序要求				
15	在验证和测试中对所有接口的时序要求均应进行确认				
同步串口类					
16	若使用同步串口，收发双方对时钟沿与数据的关系理解应一致（需考虑外部电路是否进行了反相）				
17	收发双方对数据协议的理解应正确				
18	设计中应对数据帧异常情况进行保护处理				
19	应对数据帧异常情况进行验证测试				
20	对时钟和数据信号进行了滤毛刺等抗干扰设计				
21	对抗干扰设计措施进行了验证				
异步串口类					
22	使用异步串口时，收发双方对波特率，校验位、停止位等的理解应一致				
23	接收时，应对校验位进行正确判别				
24	对字节间的间隔以及数据帧之间的间隔，收发双方处理应协调				
25	收发双方对数据协议的理解应正确				
26	设计中应对数据帧异常情况进行保护处理				
27	应对数据帧异常情况进行验证测试				
28	对输入信号进行了滤毛刺等抗干扰设计				
29	对抗干扰设计措施进行了验证				
处理器接口					

续表

序号	检查项	符合	不符合	不适用	问题描述
30	若存在外部处理器接口，处理器的读写访问时序应满足要求				
31	输出给处理器中断信号应满足时序要求，并不会引起中断重入				
32	输出给处理器的复位信号应满足时序要求				
33	非法地址读写访问应进行了保护处理				
34	若存在看门狗接口，喂狗及狗咬时间应协调				
存储器接口					
35	若存在外部存储器接口（包括 RAM、PROM、FIFO、双口 RAM 等），存储器的读写访问时序应满足要求				
36	双口 FIFO/RAM 两侧的访问应能避免出现冲突				
脉冲接口类					
37	若使用脉冲型接口，收发双方对脉冲极性理解应一致（需考虑外部电路是否进行了反相）				
38	收发双方对指令脉宽的处理应协调				
39	接收指令时应进行滤毛刺、判脉宽等处理				
40	输出指令时，指令脉宽应满足下游接收方要求				
41	脉宽未结束时，若来新指令，则不应引起指令异常				
电平接口类					
42	若使用电平型接口，收发双方对电平状态的理解应一致（需考虑外部电路是否进行了反相）				
43	输入电平状态应进行滤毛刺处理				
44	输出电平状态应能避免产生毛刺				
状态机类					
45	若使用有限状态机，应对异常状态以及异常的状态转移进行保护处理（仅靠异常处理分支无法实现保护，应有其他设计手段）				

附录 B 软件验收确认表示例

软件工程化情况：

序号	检查项	符合	不符合	不适用	问题描述	备注
1	对该软件的研制流程进行了明确策划（如编制研制计划，或明确执行哪个工程化大纲等?）					
	依据文件和技术标准现行有效					
	FPGA、CPLD 使用的必要性是否经过分析、论证和评审					
	器件选型是否经过评审，并得到相关人员或部门的认可					
2	软件研制按照确定的技术流程执行					
	不符合技术流程而进行的剪裁或调整顺序，要写明依据，或经过批准					
3	软件的技术状态更改受控，且每次更改进行了影响域分析					
4	软件配置项级的重用，是否进行了重用分析，并经过了相应级别的审核					
5	软件需要进行固化或安装的，进行了过程控制					
	软件固化或安装后进行了必要的验证					
6	软件质量问题已归零（如未出现质量问题，请选择不适用）					
	开展了其他型号质量问题的"举一反三"					
7	软件研制过程实施了配置管理，本软件所用的编译器及其选项也纳入了配置管理，软件版本管理及更改控制手续完备					
	设立了"三库"，并按照计划规定及时入库					
	系统级软件提交稳定性综合试验出自受控库，单机级软件提交稳定性综合试验出自产品库；提交出厂测试的软件均出自产品库					

续表

序号	检查项		符合	不符合	不适用	问题描述	备注
8	软件工程化大纲所要求的文档均已归档受控，有正式的文档标识（包括：软件任务书、软件需求说明、软件设计说明、软件使用说明、软件测试计划、软件测试说明、软件测试报告等）						
9	正式下达了软件任务书或等效文档，编制了需求规格说明；文档经过评审并纳入基线管理						
10	任务书、需求的更改经过更改影响域分析论证并获得批准						
11	需求文档、设计文档及接口文件等最新的有效版本与试样最终状态一致						
12	编码时确定并执行了一定的编程规范（在证据中给出规范的名称）						
13	各阶段软件文档可追踪，且签署完整						
14	按照工程化大纲规定的测试种类要求，开展了有关测试工作						
	应用软件	开展了单元测试，并编制了相应的测试报告；语句覆盖率、分支覆盖率达到100%；高级语言编写的A、B级软件的MC/DC覆盖率达到100%；A级软件开展了目标码测试，源码和目标码的语句/分支覆盖率达到了100%					
		进行了开发方的确认测试，并覆盖了所有软件需求					
	FPGA软件	是否开展了开发方的静态分析、规则检查、功能仿真、时序仿真等，仿真验证语句/分支覆盖率达到了100%					
		进行了板级验证，并覆盖了所有软件需求					
	对于开发方测试中发现的问题都进行了闭环处理						
	如开发方对测试中发现的问题处理意见是"不做修改"的，其问题定位及其影响分析应充分并得到相应责任人的审批						

续表

序号	检查项	符合	不符合	不适用	问题描述	备注
15	A、B 级软件和影响发射流程的 C 级软件的第三方评测工作符合大纲的要求					
	第三方评测机构的选择符合本型号要求					
	对第三方测试中发现的问题都进行了闭环处理，对第三方测试"不做修改"的问题，其定位及其影响分析应充分并得到相应责任人的审批和第三方认可					
16	试样最终状态的软件版本与开展确认测试、参加系统联试的版本一致					
17	软件在修改后进行了相应的回归测试					
18	进行了软件各阶段测试的覆盖性分析，涵盖正常情况、边界及各种异常情况					
	对于测试没有覆盖到的情况，采取了其他的手段，例如分析、走查等					
19	各阶段的测试工作具有文档化的测试计划、测试说明/测试记录和测试报告					
	测试文档内容完备、格式规范、签署完整					
20	软件功能性能符合任务书要求					
21	软件研制报告的编制符合型号要求					

附录 C 型号软件统一化要求格式示例

C.1 概述

描述型号软件系统设计要求的主要内容、原则等。

C.2 型号软件统一化要求

（1）处理器选型要求

描述对箭上计算机、地面测发控计算机处理器的选型要求。

（2）操作系统选型要求

描述对箭上软件、地面测发控软件所用操作系统的选型要求。

（3）编译器选型要求

描述对箭上软件、地面测发控软件所用编译器的选型要求。

（4）数据库选型要求

描述对型号软件系统所用数据库的选型要求。

（5）测试验证要求

描述对操作系统、编译器、外购软件等的测试验证要求。

（6）人机界面要求

描述对人机界面的统一化要求。

（7）接口格式要求

描述对通信接口格式的统一化要求。

（8）软件杀毒要求

描述对软件配置项进行杀毒的要求。

（9）其他设计要求

描述对其他设计的统一化要求。

附录 D 型号软件系统安全性分析报告格式示例

D.1 概述

型号软件系统安全性分析报告描述系统的功能、分系统的组成以及设计原则等；分系统软件系统安全分析报告描述了系统的功能、软件配置项的组成以及设计原则等。

D.2 引用文件

列出进行软件系统危险分析引用的文件，包括系统任务书、软件工程化大纲、可靠性和安全性设计标准等。

D.3 软件系统概述

（1）软件拓扑结构
描述软件系统的拓扑关系（连接方式、物理链路、冗余方案等）。
（2）软件信息流
描述与软件系统有关的数据流、控制流。

D.4 系统工作模式与时序

（1）系统工作模式
描述与软件系统有关的系统工作模式。
（2）各模式下时序分析
1）描述各模式下对应的控制时序。
2）针对每一时序进行与软件有关的流程分析。
3）确定软件失效后的影响，找出危险事件以及相关的分系统和软件配置项。

D.5 关键时序及危险事件

给出飞行过程中关键时序及危险事件。

D.6 安全性分析与设计

（1）安全性需求
给出与各危险事件相关的分系统或者软件配置项，确定软件失效后的影响。
（2）安全性设计
给出与各危险事件相关的分系统或者软件配置项的失效模式、防范措施以及测试验证要求。

D. 7　结论

（1）关键软件配置项清单

明确关键分系统或者软件配置项。

（2）关键需求的验证情况

给出关键需求的验证情况。

（3）残留危险清单

给出残留危险清单。

附录 E 软件系统配套表格式示例

序号	软件名称	软件代号	所属系统	承制单位	软件规模	分类			安全关键等级	功能及用途	软件开发环境		目标运行环境	研制类型
						箭上/地面	嵌入/非嵌入	固化/非固化			开发工具以及操作系统	编程语言、编译器		

注:
1) 每个配置项占一行;
2) 软件名称、软件代号及版本要与配置管理系统一致;
3) 所属系统填写配置项所在分系统名称,如测量系统、控制系统等;
4) 软件规模可以填写"巨、大、中、小、微"或者实际行数;
5) 安全关键等级按照配置项关键程度填写 A、B、C、D;
6) 软件研制类型填写 I 类、II 类、III 类、IV 类。

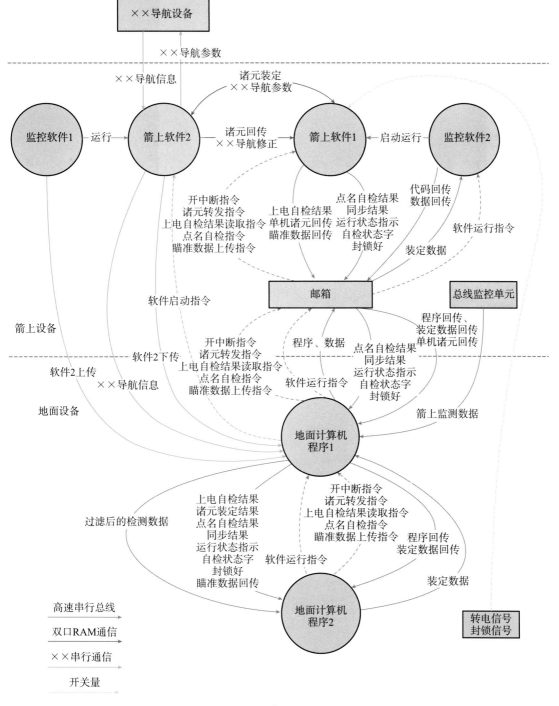

图 2 - 3　配置项信息流示意图（P34）

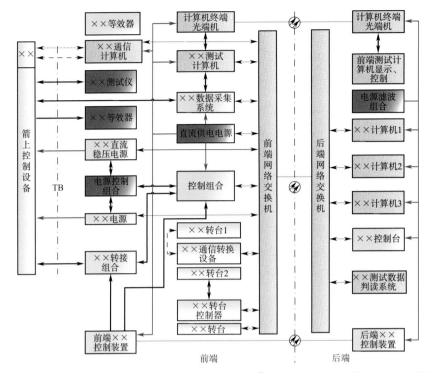

图2-4 某型号地面测发控系统物理架构示意图（P36）

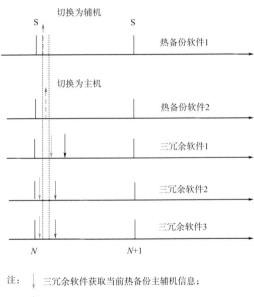

图3-12 三冗余软件与热备份软件间信号或者数据输入不同步示意图（P56）

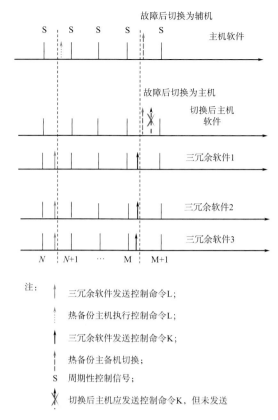

注:

↑ 三冗余软件发送控制命令L；

↑ 热备份主机执行控制命令L；

↑ 三冗余软件发送控制命令K；

↑ 热备份主备机切换；

S 周期性控制信号；

↯ 切换后主机应发送控制命令K，但未发送

图 3-13 三冗余软件与热备份软件间控制输出不同步示意图（P57）

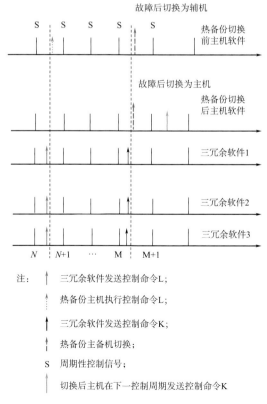

注:

↑ 三冗余软件发送控制命令L；

↑ 热备份主机执行控制命令L；

↑ 三冗余软件发送控制命令K；

↑ 热备份主备机切换；

S 周期性控制信号；

↑ 切换后主机在下一控制周期发送控制命令K

图 3-14 三冗余软件与热备份软件间记忆重发同步策略示意图（P58）